网络运维实训教程

徐志立　主编
秦　勇　侯佳路　副主编

中国农业大学出版社
·北京·

内 容 简 介

本书是高职计算机网络专业学生进入职场前进行技能训练的实训指导书,按照相关工作岗位编写,介绍了桌面运维工程师、网络工程师、服务器工程师等职位应该掌握的关键技术,对于每一项职位在企业中的任职技能都进行了阐述,学生能够按照实训进行演练,以掌握网络运维工程师的基本技能,为未来求职做好技能储备。

本书是面向高职计算机网络专业即将毕业的学生的技能参考书,适合学生解决计算机网络专业求职过程中碰到的技术问题。

图书在版编目(CIP)数据

网络运维实训教程/徐志立主编. —北京:中国农业大学出版社,2016.4(2018.7重印)
ISBN 978-7-5655-1535-4

Ⅰ.①网… Ⅱ.①徐… Ⅲ.①计算机网络-高等职业教育-教材 Ⅳ.①TP393

中国版本图书馆 CIP 数据核字(2016)第 044968 号

书　　名	网络运维实训教程
作　　者	徐志立　主编

策划编辑	孙　勇	责任编辑	洪重光
封面设计	郑　川	责任校对	王晓凤
出版发行	中国农业大学出版社		
社　　址	北京市海淀区圆明园西路 2 号	邮政编码	100193
电　　话	发行部 010-62818525,8625	读者服务部	010-62732336
	编辑部 010-62732617,2618	出　版　部	010-62733440
网　　址	http://www.cau.edu.cn/caup	E-mail	cbsszs @ cau.edu.cn
经　　销	新华书店		
印　　刷	涿州市星河印刷有限公司		
版　　次	2016 年 5 月第 1 版　2018 年 7 月第 2 次印刷		
规　　格	787×1 092　16 开本　12.25 印张　300 千字		
定　　价	27.00 元		

图书如有质量问题本社发行部负责调换

前　　言

　　本书是高职计算机网络专业学生进入职场前进行技能训练的实训指导书，涵盖计算机网络专业毕业生应对的各项岗位需求，主要包括计算机网络运维概述、网络运维岗位的应聘、桌面系统运维工程师实训、网络运维工程师实训、Windows 服务器系统实训、Linux 服务器系统实训等内容。

　　本书第 1 章主要是从网络运维入职的岗位职责，向学生推介相关职位的要求，让学生能够初步了解即将从事的相关职位；第 2 章从个人推介的角度，指导学生能够掌握查询职位需求的能力，撰写一份适合企业选择的技术工程师简历；第 3 章从维护企业中最普及的 Windows 系统的角度，介绍桌面运维工程师的软硬件维护能力，涉及操作系统的安装维护，计算机的拆装实训等；第 4 章依托仿真工具——H3C 的 HCL 和 Cisco 的 Packet Tracer 要求学生通过企业网核心网络掌握 MSTP＋VRRP 技术、IPSEC VPN 和 VOIP 等技术；第 5 章围绕企业中最常用的域技术，使用 Windows Server 2008 R2 版搭建企业级的域树，介绍相关的组策略应用技术，并结合邮件客户端软件 OutLook Express 使用企业邮件系统 Exchange Server；第 6 章引入现在市场最常用的 Linux 服务器系统，引导学生在开源系统 CentOS 7 上完成网络应用、系统应用、Web 应用、PHP 服务平台、数据库 MariaDB 等组建的管理和配置，并且引入虚拟技术模拟完成红帽 RHCE7 的认证。

　　本书适合掌握了计算机网络基础知识、有一定网络和系统实施经历的计算机网络专业高年级学生。

编　者
2015 年 12 月

目 录

第1章 网络运维概述 ··· 1
  1.1 桌面运维工程师 ·· 2
  1.2 网络工程师 ·· 2
  1.3 服务器系统工程师 ·· 3
  1.4 网站运维工程师 ·· 3
    1.4.1 网站建设实施服务 ·· 3
    1.4.2 网站运维服务 ·· 4
  1.5 网络安全工程师 ·· 5

第2章 网络运维岗位的应聘 ··· 6
  2.1 招聘信息的获取 ·· 7
  2.2 网络运维岗位简历制作要点 ·· 7
  2.3 简历制作的思考 ·· 8

第3章 桌面系统运维工程师 ··· 9
  3.1 桌面运维工作准备 ·· 10
  3.2 台式计算机拆、装实训 ·· 11
    3.2.1 计算机硬件检查 ·· 11
    3.2.2 计算机主机拆解 ·· 11
    3.2.3 前置 USB 与主板的接线 ·· 12
  3.3 计算机操作系统安装实训 ·· 15
    3.3.1 电脑数据备份 ·· 15
    3.3.2 操作系统软件准备 ·· 16
    3.3.3 预制 Windows 7 启动盘 ·· 16
    3.3.4 用 U 盘安装 Windows 7 ·· 19
    3.3.5 硬件驱动安装 ·· 23
    3.3.6 预制 Linux 启动 U 盘 ·· 23
  3.4 打印机的安装与共享 ·· 26
    3.4.1 本地打印机安装方法 ·· 26
    3.4.2 网络打印机安装方法 ·· 31
  3.5 用网络批量安装 Windows 7 ·· 38
    3.5.1 安装与配置 DHCP 服务 ·· 38
    3.5.2 安装与配置 Active Directory 活动目录 ································· 42
    3.5.3 安装与配置 Windows 部署服务 ······································· 46

3.5.4 客户 Windows 7 系统的安装与配置 ………………………………… 52

第4章 网络运维工程师实训 ………………………………………………… 55
4.1 网络仿真工具 …………………………………………………………… 56
  4.1.1 思科 Packet Tracer …………………………………………………… 56
  4.1.2 GNS ……………………………………………………………………… 57
  4.1.3 HCL(H3C Cloud Lab) ……………………………………………… 57
  4.1.4 Simware ………………………………………………………………… 58
  4.1.5 华为 eNSP …………………………………………………………… 58
4.2 HCL 仿真企业网络应用 ……………………………………………… 59
  4.2.1 项目背景 ………………………………………………………………… 60
  4.2.2 网络配置需求 …………………………………………………………… 60
  4.2.3 IRF 虚拟化实施 ………………………………………………………… 65
  4.2.4 IP 地址规划与实施 ……………………………………………………… 67
  4.2.5 广域网链路可靠性 ……………………………………………………… 69
  4.2.6 路由实施 ………………………………………………………………… 72
  4.2.7 VLAN,STP 与 VRRP 实施 …………………………………………… 74
  4.2.8 内外网互访 ……………………………………………………………… 79
  4.2.9 IPSec VPN ……………………………………………………………… 80
  4.2.10 网络高可靠性 ………………………………………………………… 82
  4.2.11 网络安全访问设置 …………………………………………………… 84
  4.2.12 企业网络应用测试 …………………………………………………… 84
4.3 Packet Tracer 仿真企业 VOIP 和 IPSec VPN ……………………… 84
  4.3.1 VOIP 需求 ……………………………………………………………… 85
  4.3.2 基础 VOIP 网络拓扑 …………………………………………………… 85
  4.3.3 网络基础配置 …………………………………………………………… 87
  4.3.4 配置 CallManager 配置实现 VOIP …………………………………… 88
  4.3.5 交换机上配置 Voice VLAN …………………………………………… 91
  4.3.6 VOIP 测试 ……………………………………………………………… 91
  4.3.7 企业 IPSec VPN 仿真实现 …………………………………………… 95

第5章 Windows 服务器系统实训 ………………………………………… 99
5.1 部署企业域控制器 ……………………………………………………… 100
  5.1.1 配置准备 ………………………………………………………………… 100
  5.1.2 域控制器安装 …………………………………………………………… 103
  5.1.3 子域控制器安装 ………………………………………………………… 112
  5.1.4 现有林的第2个域控制器安装 ………………………………………… 116
  5.1.5 额外域控制器安装 ……………………………………………………… 122
  5.1.6 客户机加入域中 ………………………………………………………… 124
5.2 组策略的使用 …………………………………………………………… 127
  5.2.1 组策略管理控制台(GPMC) ………………………………………… 127

5.2.2	限制用户使用未授权软件	128
5.2.3	限制用户安装软件	133
5.2.4	限制用户使用默认主页	134
5.3	部署 Exchange	135
5.3.1	Exchange Server 的安装	135
5.3.2	Exchange Server 的邮箱设置	141
5.3.3	发邮件测试	149

第 6 章　Linux 服务器系统实训 ……………………………………… 150

6.1	CentOS 7 服务器实训	151
6.1.1	最小化 CentOS 7 基本管理配置	151
6.1.2	YUM 配置与管理	152
6.1.3	安装网页工具	153
6.1.4	安装 PHP 和 MariaDB 数据库	155
6.1.5	安装基本工具和服务	156
6.1.6	安装 DNS 服务	159
6.2	RHCE 认证考试	162
6.2.1	虚拟机 KVM 的安装	163
6.2.2	RHCSA 部分	164
6.2.3	RHCE 部分	170

参考文献 …………………………………………………………………… 187

Chapter 1 网络运维概述

网络运维是指为保障网络与业务正常、安全、有效运行而采取的生产组织管理活动,其中包括对网络中路由器、交换机、服务器、动力系统、空调系统、存储设备、防火墙等设备进行实时监测和管理,保障企事业单位基于网络应用的业务正常开展。

网络运维工作是伴随企事业单位的信息化进程出现的,企业网络的安全稳定运行对于业务的开展有着举足轻重的地位,所以不管是何种行业都需要有这方面的智能服务,这样就衍生出了桌面运维工程师、网络工程师、服务器系统工程师、网站运维工程师、网络安全工程师等岗位,供相关行业的企业选用,另外,网络运维工作也是围绕这些细化的工作岗位开展的。

1.1 桌面运维工程师

桌面运维工程师，即负责用户终端的管理及日常维护的人员，工作内容主要分为两个方面：一是对设备的分配调动进行管理并妥善记录；二是对终端进行软件安装和策略应用。在百人左右的公司一般没有专门的桌面运维人员，通常由网络工程师充当其职位，所以经常会有人混淆两个专业的职能。

桌面运维的工作非常繁杂，在完成日常工作以外还要应对各种突发事件。该职业要求具有极高的响应能力，以便快速地解决故障以保证他人的工作可以顺利进行。对于从事桌面运维的工程师来说，具备高度的计算机理论知识和熟练的操作是必不可少的，通过自己的工作节约他人在计算机操作方面所耗费的时间就是桌面运维的核心价值。在千人以上的企业，桌面运维工程师所发挥的作用是非常重要的，在这类企业里，本职位工程师也被称作一级工程师，主要职能包括以下几点：

1. 硬件维护

主要包括打印机/PC 机/笔记本电脑/考勤机等终端设备的调配及维护。桌面运维工程师要负责记录设备的唯一标识及使用人员。在员工入职时要负责笔记本电脑等个人配件的分配以及考勤卡的分配等事宜。在员工离职时要负责对设备进行收回及初始化。在工作过程中如设备出现硬件故障应向财务进行申报及更换故障元件。

2. 软件维护

软件方面主要负责操作系统的安装，常用软件的安装，域和安全策略的管理，其中操作系统应有统一的 Ghost 盘进行安装以节省软件安装的时间。如果公司有 AD 域，应将设备加入域，并在域中登记详细的员工信息，统一桌面安全策略以保证员工在使用计算机进行工作时的安全，预防安装未知软件所造成的危害。除此以外还要负责公司领导的"个性化软件需求"。一个专业的桌面运维人员要善于制订软件的规则及策略以方便日后的维护工作。

3. 通讯终端的管理

包括网络电话、视频会议终端等设备的安装及管理。分配座机号并更新通讯录也是桌面运维工程师需要负责的工作。

1.2 网络工程师

网络工程师是通过学习和训练，掌握网络技术的理论知识和操作技能的网络技术人员，在企业中主要从事计算机信息系统的设计、建设、运行和维护工作，保障企业网络软、硬件设施安全运营。依据工作对象的具体情况将网络工程师划分成很多种类，如企业的网络管理员、网络存储工程师、综合布线工程师、网络安全工程师、售前工程师、售后工程师等。根据在工作岗位的表现可进阶到专家级别，如 IT 项目经理、网络主管、技术专家等，这也是网络工程师主要发展方向和发展目标。

  网络工程师的工作内容包括：机房内的网络连接及网络间的系统配置；系统网络拓扑图的建立和完善，并做好系统路由的解析和资料的整理；网络机房线路的布置和协议的规范工作；计算机间的网络连接及网络共享，并负责网络间安全性的设置；对网络障碍的分析，及时处理和解决网络中出现的问题；利用网络测试分析仪，定期对现有的网络进行优化工作；网络平台框架的布局和设置；网络平台信息的采集和录入支持；网络平台的运作方向以及平台维护管理；网络产品的定位和封装。

1.3 服务器系统工程师

  服务器系统工程师是指具备较高专业技术水平，能够分析商业需求，并使用各种系统平台和服务器软件来设计并实现商务解决方案的基础架构的技术人员。该职位是个"纯粹"的技术职业，而且需要脚踏实地地工作，能够亲自动手进行软件、硬件操作，因而受到许多求职者的青睐。

  服务器系统工程师的工作职责是确保域控制系统、域策略正常运行，对电脑账号进行管理；负责对文件系统进行行为监控、权限设置、备份和恢复；对邮件服务器进行管理、升级、账号处理和备份；管理加密服务器；更新系统补丁，升级防病毒软件和网络防火墙软件；对系统管理员提供可行性安全建议，配合加强服务器安全管理。还要对网络服务核心架构进行设计，实施及维护包括动态负载均衡，存储分配等工作，同时需具备网络工程师技能，对网络核心设备能进行调试，对网络 IOPS、服务器及其存储 IOPS 能够进行动态调整分配。

  确保服务器的稳定运行和调整结构满足应用服务的需要。做好安全防范，配置防火墙。定期做好备份工作，以便在出现问题时可以及时修复。有一定的监控程序，对硬件、服务、流量做监控，以便出现问题时能第一时间知道并解决。再就是服务器改动前要做好备份，并备份改动方案。了解不同应用的硬件及系统需求等。

1.4 网站运维工程师

  网站运维是针对网站进行规划、建设，以及负责网站的后期运作有关的维护和管理的工作。

  网站运维涵盖内容最主要包括以下几方面：

1.4.1 网站建设实施服务

  网站建设实施服务主要针对用户的网站建设需求，包括需求调研、栏目内容规划、模板实施、数据迁移、系统环境搭建、新系统开发等服务。

1. 规划与页面设计

根据网站特点,结合用户需求,对网站栏目内容进行全面的梳理规划,构建符合用户要求、科学合理的网站结构。

2. 模板实施服务

根据网站规划、美术页面进行模板开发,快速构建出结构完整、用户满意的站点。

3. 数据迁移服务

将网站数据通过程序和手工录入两种方式实现数据的迁移,确保数据完整可用。

4. 环境搭建服务

根据网站建设内容进行系统环境调研,搭建科学、合理的网站(群)运行环境,使其具备一定的前瞻性、扩展性。

5. 新系统开发服务

针对用户需求,订制开发相关业务系统。

1.4.2 网站运维服务

网站运维包括日常维护、专题/子站建设、应急响应等 8 个方面,采取运维服务包的形式对外提供服务,具体内容如下。

1. 日常维护服务

提供技术人员通过远程方式解决常见问题或用户需求,根据实际情况安排技术人员到现场处理问题或进行新需求的实施。

2. 网站常驻服务

提供模板开发人员到用户现场进行驻点维护,负责整个网站(群)技术保障。特点是响应及时,能在最短时间内了解用户需求及时做出修改调整。

3. 专题/子站建设服务

针对用户需求,对专题或子网站进行内容梳理、栏目规划、美术设计、模板实施工作。

4. 技术咨询服务

提供网站模板开发,公司各产品的操作使用,网站(群)实施、维护及操作系统、数据库方面的技术咨询。

5. 应急响应服务

提供节假日应急响应服务,在此期间安排负责人及技术人员进行 7×24 h 值班,确保网站的正常运行。

6. 系统维护服务

提供全面的系统维护服务,从网络层、数据层、应用层、Web 层,针对服务器操作系统、各相关应用系统及网站安全,提供全方位的系统维护服务。

7. 系统巡检服务

针对服务器操作系统、网站相关产品或系统及网站安全,提供全面的巡检服务。

8. 产品培训服务

提供公司产品的安装部署及操作使用培训,包括电子政务公共服务支撑平台、信息公开目录系统、互动交流平台、信息报送平台、访谈直播系统、网站群搜索系统等。

1.5 网络安全工程师

网络安全工程师是能够在各级行政、企事业单位、网络公司、信息中心、互联网接入单位中从事信息安全服务、运维、管理工作的网络技术人员。

涉及网络安全工程师的岗位主要有网络安全工程师、网络安全分析师、数据恢复工程师、网络构架工程师、网络集成工程师、网络安全编程工程师。

岗位的主要职责是：分析网络现状，对网络系统进行安全评估和安全加固，设计安全的网络解决方案；在出现网络攻击或安全事件时，提高服务，帮助用户恢复系统及调查取证；针对客户网络架构，建议合理的网络安全解决方案；负责协调解决方案的客户化实施、部署与开发，推定解决方案上线；负责协调公司网络安全项目的售前和售后支持。

Chapter 2

网络运维岗位的应聘

> 　　随着信息技术的普及,企业的信息化势在必行,不管什么行业的企业都需要招聘IT类技术人员,网络系统运维岗位是一个万金油职位,从低端到高端都有适合的行业。因此,这一岗位同其他IT类技术职位一样有着很强的适应性。
> 　　网络运维岗位在实际工作中根据企业的要求分为桌面运维工程师、网络管理员、网络工程师、服务器系统运维工程师、IT服务技术支持工程师等,这就需要我们针对不同的岗位做好应聘工作。

2.1　招聘信息的获取

信息技术的发展使得网络信息成为我们获取信息的第一手段,招聘网站所提供的信息是我们能够得到的最快捷方式,这种招聘方式已经取代现场招聘会,成为第一招聘方式。

如今网络上充斥着大量招聘网站,需要我们对其做一个良好的认知。在媒体上做广告多的招聘网站不一定是在这个学习阶段最适合的网站,比如赶集网、58同城网,这些网站对于大学生毕业求职来说不是太好的选择,他们主要发布的是兼职信息,涉及的岗位都是弹性比较大的职位;另外一些网站就是发布虚假的信息,主要是招揽求职者进行注册,收集人员信息,这个是必须警惕的。

从招聘网站的发展历程看,有三大门户招聘网站是值得大家关注的,他们是智联招聘、前程无忧(51job)和中华英才网。这三个网站是国内三家知名招聘网站,知名企业基本上都在这里发布用人需求,特别是每年的9月份就针对大学生开始新一轮的校园招聘活动,这对于即将毕业的大学生来说,是一个求职或进入企业实习的最好的时机。另外,大家还可以通过招聘门户网站参与视频真人秀的挑战,像参加智联招聘的"非你莫属"节目就能寻求到更好待遇的职位。

针对大学生就业的政府性的网站,也是需要大家去关注的。这类网站能够针对即将毕业的大学生发布对口信息,并且还能为学生提供很多企业的校园招聘宣讲和各个政府人才机构的现场招聘会信息。

2.2　网络运维岗位简历制作要点

对于每一位求职者来说,一份好的简历可能意味着成功的一半,马虎不得。那么,怎样准备一份令人过目难忘、留下良好印象的简历呢?其实,简历不一定非要追求与众不同,只要把握好以下要点,就能够写出一份精彩的简历。

1. 针对职位制作不同的简历

招聘单位的侧重点是不同的,一定要根据应聘职位来制作简历,才能有的放矢,充分发挥简历的作用。像IT类招聘职位区分很细,在简历中,一定要有明确的信息表明你的应聘职位是什么,比如网络工程师、网络管理员等。

这就要求在制作简历的时候,不要只制作一份简历,需要根据不同的职位需求,结合招聘单位的岗位要求,进行简历制作。如果对照招聘的要求来对应说明,那无疑最切合用人单位的要求。简历制作是否能吸引眼球,取决于对应聘职位的认识。招聘人员都明确了解招聘的职位,他只会注意那些看起来切合职位要求的简历。由于学生群体几乎都是一张白纸,很多学习经历和生活学历都差不多,这就要求根据课程或者平时积累的素材,按照招聘单位的要求有侧重点地撰写。

2. 真实地描述学习历程

学习历程作为简历的主体,是招聘单位最希望看到的。招聘单位都希望招到有经验、有能力、主动性强的人员,特别看重应聘人员的学习和实践经历,在技术类的岗位上,应聘人员曾经的技术经历尤为突出。

招聘单位在统筹招聘需求时,很多要求一至两年工作经验,这些对于初出茅庐的学生群体来说,是一个很大的劣势。这就要求学生要结合大学的理论和实训课程,以实训课程中的技术应用为主体来模拟项目经历,这是项目经验要求的突破口。

3. 真实反映自身的优势

学习历程中的各种好的结果要充分地反映出来,对于未出校门的学生来说,各种证书、奖励是自己的学习生涯中浓墨重彩的篇章,需要在简历中明显地反映出来,特别是取得了市场上认可的各种职业资格证书,更是一个非常好的"敲门砖"。

4. 格式恰当、篇幅适宜

很多招聘人员反映,每次都会收到一些很差的简历,格式杂乱无章,条理不清楚。或者是简历太简单,看不出什么信息;或者简历篇幅太长,看不出重点。招聘者也相信,简历不一定能体现出一个人的能力水平,但是因为收到的简历非常多,这样的简历只能淘汰。同时,招聘人员好像总是时间不够,耐心不足,第一印象不好的简历就随手放一边了。简历格式要注重条理,同时篇幅应控制在刚好满足每份 1 min 左右的阅览时间。

5. 精心编排打印

简历的好坏,关键在于这份简历给人的印象如何,因此,还必须对写好的简历进行必要的加工,对它进行编排打印。简历的版式编排要美观大方,让人阅览起来一目了然。版式的效果好,简历翻开来第一印象就会特别好,这样招聘者会用心阅览下去。建议尽量打印简历,因为复印的效果往往清晰度较差,还可能有小的复印污点,没有必要去省这一点点钱。

2.3 简历制作的思考

对于不同类型的工作,简历要达到的目的都是一样的,要清晰地反映自己对于招聘岗位的适合性。所以制作简历时,要充分了解招聘岗位的需求,特别是技术类岗位,要求应聘者能够通过简历反映出自己能够胜任这类技术岗位。

简历制作对于在校的学生来说也是另外一种考验。在制作过程中,会发现自己的很多不足,反馈在简历中的项目会有很多空白,这些都会刺激一下学生的神经,激发其求知的欲望。

chapter 3

桌面系统运维工程师

企业的办公应用大多是基于微软的 Windows 操作系统,常见的是 Windows XP、Windows 7 和 Windows 8 及微软后续发布的更新版本的操作系统。针对安装这些操作系统给个人用户进行软、硬件的维护都属于桌面系统运维,负责这项工作的人通常称为企业的"网管"或者"系统管理员",准确的定位应该是桌面运维工程师岗位或者运维一线工程师。尽管很多企业都不属于 IT 类行业,但是为了企业的信息化环境安全稳定运营,都会聘用至少一名桌面系统运维工程师,或者购买外包服务,让外包公司定期派工程师来做桌面系统运维。因此,桌面运维工程师的"单兵作战"能力非常重要,这种能力也是运维工程师自我提升的必备条件之一。

桌面运维工程师主要负责办公区域的软件及硬件现场技术支持服务,包括计算机、打印机、扫描仪等 IT 产品,根据服务请求完成关于操作系统、应用软件、邮件客户端、打印系统、网络等方面的故障排除或者迁移服务。

在现代企业中,桌面运维工程师首先要了解办公环境,把握整个企业的网络系统运行环境,根据员工的实际需求进行软硬件配置。下面从桌面系统运行维护的基本工作任务来学习桌面运维工程师的技能。

3.1 桌面运维工作准备

"工欲善其事必先利其器",做好准备工作,对于桌面运维工作效率的提升是非常重要的。计算机是软硬件的结合体,工程师在做运维工作之前必须携带好专用的操作系统软件和计算机拆装工具。

工程师需要根据企业的实际应用情况准备计算机操作系统和应用软件。微软的Windows 7操作系统因为卓越的性能已经在办公用户中普及,很多人都抛弃了使用多年的Windows XP操作系统。鉴于版本升级的成本问题,很多企事业单位在工作场所都还使用正版的Windows XP操作系统。由于用户本身对于计算机系统的知识缺乏,桌面运维工程师必须随身准备这些操作系统。计算机在安装好操作系统以后,要使硬件系统有良好的发挥,必须具备专用应用软件—硬件驱动程序。其次,为了提高用户的个人体验,还要为其准备好办公应用的相关软件,比如MS Office、WPS、QQ、邮件客户端等。在互联网高速发展的时代,所有软件都可以从网站上下载,这也是桌面运维工程师要具备的技能。

计算机硬件的维护需要准备好基本的拆装工具。螺丝刀是必备的工具,由于有多种规格,建议配备图3-1所示的螺丝刀套装工具,它能够通过基本的套筒连接多种规格螺丝起子形成一把适用范围广的螺丝刀。随着计算机类电子设备成本的降低,对于计算机等设备不再刻意强调无尘环境的硬性要求,这样就带来了另外一个导致计算机经常出小故障的元凶——尘土。使用环境的灰尘对计算机的使用寿命构成了较大威胁,配备除尘用的刷子、气吹和图3-2所示的吹风机也很重要。另外,对于计算机等设备来说,防止静电又是一个必须考虑而又容易忽略的问题,防静电手套和防静电手环是桌面运维工程师防止静电对电脑造成伤害的基本工具,通常建议工程师在工作中经常性地触摸其他导电的铁件物品,如机箱等。

图3-1 计算机维护——螺丝刀套装工具

图 3-2 计算机维护——吹风机

3.2 台式计算机拆、装实训

桌面运维工程师对于企业中计算机的配置的了解,是快速解决相关硬件故障必备的条件,这就要求具备计算机拆、装的实际经验。一般准备一台在用的计算机就可以开始拆、装机工作了。

3.2.1 计算机硬件检查

拆、装计算机硬件要做好硬件的基本检查工作,防止由于物理硬件的损坏导致最后工作结论的错误,毕竟拆解一台硬件基本没有问题的计算机是很容易的一件事情,不能在重新装配完毕后,出现计算机的硬件损坏导致无法开机的现象。

进行计算机的拆解之前要做好计算机硬件的检查工作,要检查主机和显示器的电源、VGA 数据线缆是否连接好了;打开电源,检查计算机是否能启动,需要看到显示器上出现电脑启动,并进行硬件检查的图像;等待自检完毕后,要看计算机是否能够加载操作系统。如果能正常进入操作系统,说明计算机是基本完好的,没有硬件问题,再进行计算机拆解工作。

3.2.2 计算机主机拆解

在完成基本硬件检查后,就可以开始计算机主机的拆解工作。第一步就是把主机背板的所有连线都拔下来,如图 3-3 所示,包括电源线、鼠标、键盘、网线、显示器的 VGA 线及其他连接线缆。使用螺丝刀卸下螺丝,放入准备好的小盒子里,根据主机箱的实际情况打开盖板,有些品牌电脑主机箱需要按一些机关按钮。

计算机的硬件识别是很重要的,对于未做过计算机配置的用户来说,需要记下每个部件的位置,如图 3-4 所示。下一步就要进行所有线缆的摘除,其中最麻烦的是主板上的电脑插接头,这些接头都有一个防脱下的小机关,只需要捏着这些卡槽部位就能摘下;现在计算机的光驱和硬盘都是采用 SATA 接口,只需轻按机关就能拔下,另外就是拔下电源接口。所

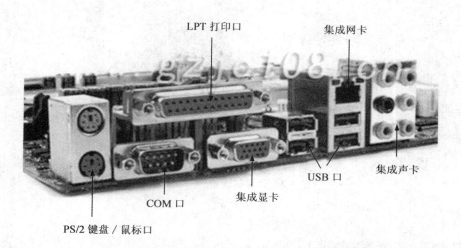

图 3-3　主机背板主要接口

图 3-4　主机及各部件

有线缆拔下后就开始拆各个部件的螺丝,进行硬件的拆除工作。显卡和内存条都是接插到主板上的,只需充分利用开启机关的方式就可以进行摘除。CPU 风扇摘除以后,下方会有 CPU,利用弹簧卡子很容易就能够摘下来。所有部件摘除以后的主板如图 3-5 所示。

3.2.3　前置 USB 与主板的接线

　　机箱前置 USB 是很好拆的,但是装上比较麻烦,连接的时候一定要慎重。在机箱前置控制按钮连接时,如果出现错误,最多也就是无法开机或重启;前置的 USB 接口却不同,如果前置 USB 线连接错误,轻则在接入 USB 设备(如闪存盘)时烧毁设备,重则接通电源即将主板烧毁。因此,我们在连接这些前置的 USB 接口时一定要细心。

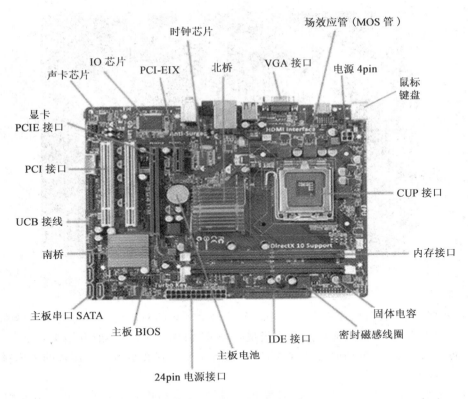

图 3-5 主板示意图

这是一些低端主板上的前置 USB 插针（图 3-6），这些插针的周围没有设计保护槽。

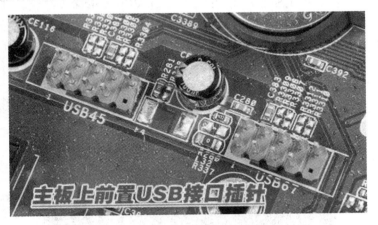

图 3-6 低端主板前置 USB 接口

这是一些中、高端主板上的前置 USB 插针，有保护槽，如图 3-7 所示。

在低端与中、高端的主板上，USB 插针虽然位置与外观有所不同，但插针数量与排列是完全相同的，我们只要掌握正确的连接方法，即可搞定一切主板与机箱。另外，不同机箱的 USB 插头也不相同，一些低端的机箱上往往采用的是单个插头的设计，八九个插头分散排

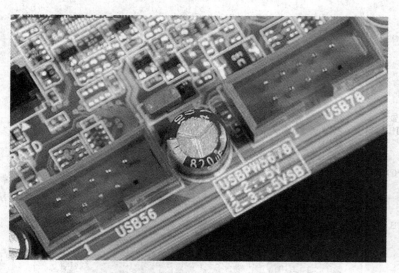

图 3-7　高端主板前置 USB 接口

列,看起来相当乱,这时就需要大家细心地分清每个插头的对应位置。有些中、高端的机箱,为了防止因 USB 接口插错而造成的主板烧毁现象,将两个 USB 的所有插头固定在一起,并采用了防呆式的设计,反插时无法插入,这也大大减少了安装步骤。一体式的 USB 插头,两个为一组,这种设计比较安全。

独立插针式的 USB 插头,连接时要加倍注意插头顺序,如图 3-8 所示是低端机箱与中、高端机箱内设计不同的前置 USB 插头。一体式的设计不做过多的介绍,只要按照正确的方法插入即可完成,方向不对则无法插入。独立插针式设计要做一下详细介绍。图 3-8 中为一组前置 USB 接口,由 USB2＋、USB2－、GND、VCC 4 组插头组成。其中,GND 为接地线,VCC 为 USB＋5 V 的供电插头,USB2＋为正电压数据线,USB2－为负电压数据线。在主板的 USB 插针上,每个接口对应 4 个插针,其对应方式如图 3-9 所示(通用于任何主板)。

图 3-8　独立插针 USB

图 3-9　主板上 USB 插针的对应图

需要指出的是,如果机箱内提供的 USB 插头没有标注相应数据,我们可以通过 USB 插头的不同颜色进行区分。

红线:电源正极(接线上的标识为＋5 V 或 VCC)。

白线:负电压数据线(标识为 Data－或 USB Port －)。

绿线:正电压数据线(标识为 Data＋或 USB Port ＋)。

黑线:接地(标识为 GROUND 或 GND)。

3.3　计算机操作系统安装实训

计算机操作系统的安装一般针对新组装或者新购买的计算机,也有各种出现经常性的错误提示或系统无法正常使用的计算机,桌面运维工程师要养成良好的工作习惯进行系统安装。

3.3.1　电脑数据备份

通常桌面运维工程师采用重装计算机系统和软件的方法是在电脑的系统盘进行格式化重装,但是对于企业用户在用的电脑,工程师必须留一个心眼,要与用户良好地沟通。确认用户经常用的软件,特别是工作中重要的软件系统,比如数据库等软件,要做好数据资料的整理和备份工作,防止由于做磁盘分区的格式化丢失重要数据;另外就是要让用户把计算机系统分区(C 盘)的重要数据都做好备份,特别要注意最容易忽视图 3-10 所示文件夹——"桌面""文档"和"下载"。

3.3.2 操作系统软件准备

桌面运维工程师一般都要准备一个移动硬盘、一个U盘、一个DVD刻录光驱和刻录用的光盘，工程师要养成把平时工作生活中用到的常用软件都预先下载，或者从随机配备的光盘拷贝出来备份到移动硬盘的习惯。要安装操作系统，必须有操作系统的镜像，用来做成启动光盘或者U盘。获取的方式一般从网络上下载或者使用软碟通之类的工作制作镜像文件。一般建议工程师还是从微软官方的MSDN上下载微软的原始镜像系统，现在很多论坛或者IT人士的博客都把这些镜像的网络地址公布出来了，大家只需用下载软件下载就可以。对于系统的正版问题，则需要购买正版序列号，一般微软的操作系统安装完毕后都有试用期，基本功能都跟正版的差不多。

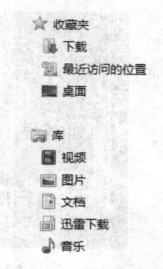

图3-10 Windows 7 资源管理器

3.3.3 预制Windows 7启动盘

使用U盘启动盘是操作系统安装的比较便捷的方式，而且使用U盘安装操作系统比传统的光盘安装要快得多，这得益于U盘的读取速度比光盘的快得多。现在制作U盘启动工具盘的软件很多，常用的有大白菜U盘启动制作工具、电脑店U盘启动制作工具、老毛桃U盘启动制作工具，以及软碟通UltraISO。要制作U盘启动安装盘，需要找一台正常工作的电脑，从相关工具官网下载最新版本的软件并安装，然后使用U盘和操作系统镜像制作U盘启动盘，或者刻录光盘启动盘。

以Window 7旗舰版系统为例，使用大白菜和软碟通来制作U盘启动盘和光盘启动盘。在正常的Windows 7旗舰版操作系统安装好大白菜和软碟通，大白菜软件启动后如图3-11所示。

当用户在电脑中插入U盘后，会在"请选择"框中出现U盘的盘符、芯片格式和容量，接着选择模式，一般使用默认的HDD-FAT32模式，这一模式表示选择USB-HDD格式，是硬盘仿真模式，一般对大容量U盘比较适合；另一种是USB-ZIP模式，大容量软盘仿真模式，此模式在一些比较老的电脑上是唯一可选的模式，但对大部分新电脑来说兼容性不好，特别是2 GB以上的大容量U盘。FAT32是一种文件系统，是FAT16的增强版本，可以支持大到2 TB(2 048 GB)的分区。它使用的簇比FAT16小，从而有效地节约了硬盘空间，FAT16最大可以管理大到2 GB的分区，但每个分区最多只能有65 525个簇(簇是磁盘空间的配置单位)，随着硬盘或分区容量的增大，每个簇所占的空间将越来越大，从而导致硬盘空间的浪费。前面的选项设定好了，就可以直接点击"默认模式"下的"一键制作启动U盘"按钮，就会弹出图3-12所示的警告提示。这里一定要注意，U盘中的数据一定要备份到其他硬盘里才能确定，否则就会丢失。点击"确定"后大白菜就开始制作启动U盘了，耐心等待到弹出

图 3-11　大白菜 U 盘启动工具

图 3-13 所示制作完毕对话框，这时可以选择是否测试，一般建议使用这个 U 盘真正启动电脑来测试。制作完毕的启动 U 盘，会生成两个文件夹"ISO"和"GHO"，可以根据操作系统的镜像文件的类型，拷贝系统镜像文件到这两个文件夹中，其中 GHO 是代表用 Ghost 刻录镜像软件生成的文件，ISO 代表用 ISO 镜像生成软件制作的文件。这里把 Windows 7 的镜像文件拷贝到 U 盘中，一般这个镜像文件都很大，所以 U 盘的容量必须够用，这个是在使用大白菜软件制作前就要考虑的。

制作完毕的启动 U 盘是带有很多工具的启动盘，这些工具在安装完操作系统后都会附带地加入到系统中，不管是大白菜还是电脑店或者老毛桃，都有这样的问题。很多用户其实不想被这些附带的软件所凌驾，一般都希望像光盘启动盘安装一样，安装一个完全基于微软

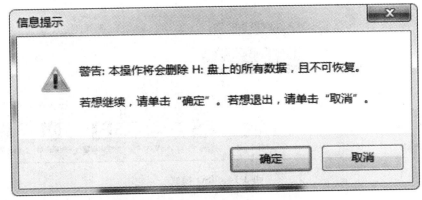

图 3-12　点击"一键制作启动 U 盘"的警告提示

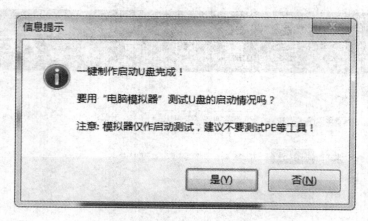

图 3-13　制作完毕

发布的干净的操作系统,这样就可以采用各种软件的"ISO"模式,把 Windows 原始系统镜像直接刻录到 U 盘中,如图 3-14 所示。用户在第 2 步点击"浏览"按钮打开 Windows 系统镜像,然后点击"制作 ISO 启动 U 盘"就可以打开图 3-15 所示,检查并设置好后,点击写入,就可以把系统镜像刻录在 U 盘上制作启动盘,制作好的启动盘可以像光盘安装操作系统一样,进行自行安装。

图 3-14　ISO 模式

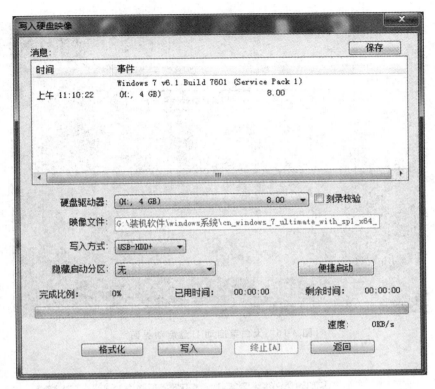

图 3-15 制作 ISO 启动 U 盘

3.3.4 用 U 盘安装 Windows 7

把制作好的启动 U 盘插在要安装系统的电脑上开机启动,点击"Delete"键,或者一些品牌电脑的"F2"或"F12"键,进入 BIOS 设置,把 Boot Sequence 设置为 U 盘启动为第一引导顺序,这样就可以启动时加载大白菜启动界面(图 3-16)。

可以根据装机需求选择,选择"【02】运行大白菜 Win8PE 防蓝屏版(新电脑)"回车确认,打开基本的操作窗口,运行大白菜装机工具,如图 3-17 所示,使用"还原分区"选项,点击"浏览"按钮。在显示的分区中找到 Windows 7 的镜像文件打开,然后在图 3-18 所示选项中,选择要安装的 Windows 7 镜像。有时候使用其他多个镜像在一个文件夹下时会出现要用户自行选择版本的问题,就需要点击下拉框选择,这里选择旗舰版。点击确定进入还原分区图 3-19 对话框,检查还原分区为 C 盘,镜像文件为 Windows 7 旗舰版后,就可以点击确定进行系统还原了。当提示安装完毕,提示重启时,就可以拔下 U 盘启动盘,等待 Windows 7 系统自行配置(图 3-20)就可以了。

在进行操作系统的安装过程中,工程师可以利用大白菜软件提供的丰富的安装工具进行其他工作,比如进行硬盘分区。计算机的硬盘要重新分区,就可以利用 DiskGenius 工具,打开界面如图 3-21 所示,用户可以根据菜单提示进行必要的分区操作,分区操作完毕要进行分区的保存。

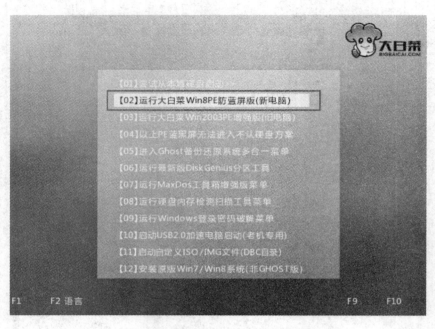

图 3-16 大白菜启动 U 盘启动界面

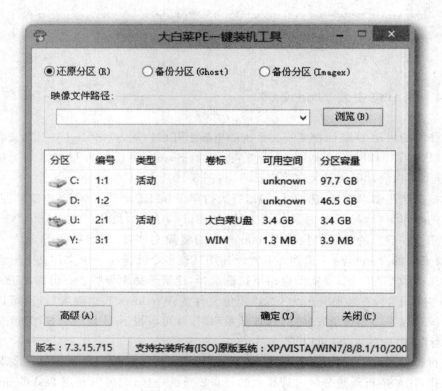

图 3-17 大白菜装机工具

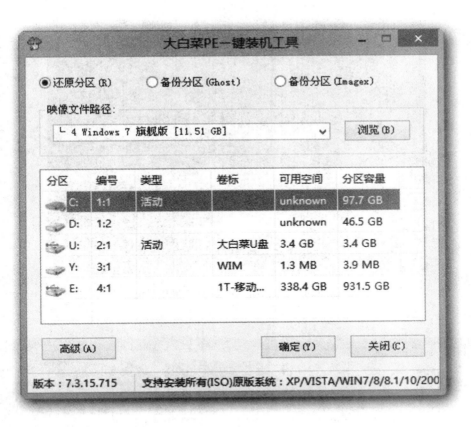

图 3-18　Windows 7 安装版本选择

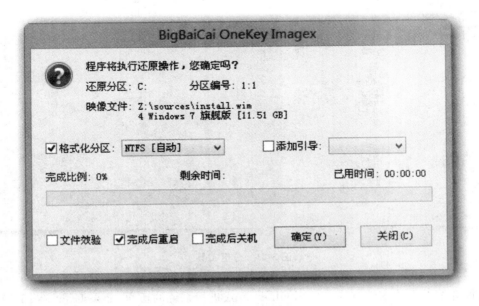

图 3-19　还原分区提示

图 3-20　还原后的 Windows 7 操作系统

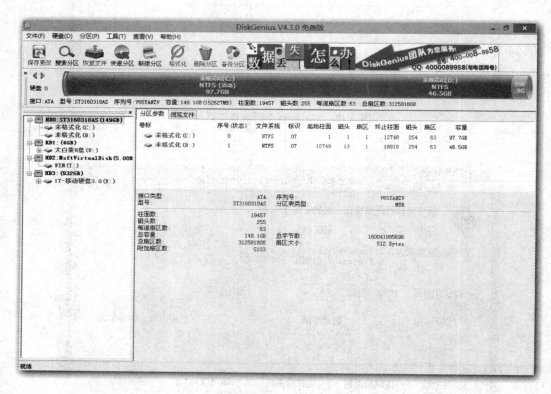

图 3-21　分区工具

前面介绍的系统安装方式是使用 Ghost 方式进行系统的还原，如果 U 盘按照 ISO 的方式进行制作，安装过程就像使用光盘做启动盘进行安装时一样。

3.3.5 硬件驱动安装

安装完 Window 7 操作系统以后,由于操作系统自带很多驱动程序,会为硬件配置一些基本的驱动,使设备能够工作,但是为了更好地发挥硬件的作用,建议使用各个硬件官方发布的驱动程序,这样更适合计算机的性能。

对于一些品牌计算机,不管是台式机还是笔记本电脑,产品商一般不再附赠驱动程序光盘,需要用户进入品牌官网,通过技术支持来查找匹配的铭牌型号,自行下载相关驱动程序,用户只需要按照提示文件来做,就很容易把电脑硬件安装好。用户通过鼠标右键点击"计算机"的属性,打开图3-22所示设备管理器窗口,如果没有发现设备资源数中有感叹号的设备,就说明硬件的驱动安装好了。

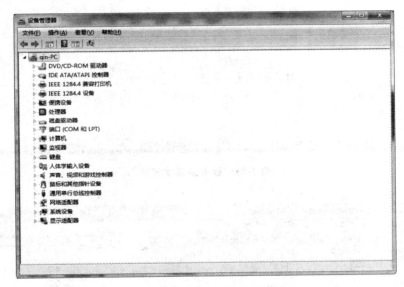

图 3-22 设备管理器

在安装硬件驱动的时候会有一些设备的硬件驱动异常的状况,通常在不影响操作系统正常工作的情况下,可以被忽略不安装,但是为了发挥硬件的功能,用户可以使用"驱动精灵"软件进行硬件驱动的检查更新。一般在上网的环境下进行更新操作,通常能够解决设备管理器中有感叹号标识的硬件。

3.3.6 预制Linux启动U盘

无论是大白菜,还是电脑店、老毛桃都提供了多种U盘启动盘的安装方式,而软碟通 UltraISO 软件则仅仅提供了 ISO 模式安装,这为后续进行 Linux 操作系统 U 盘启动盘的制作带来了便利条件。

在有免费开源版本 CentOS 的前提下,打开 UltraISO 软件,如图 3-23 所示。点击菜单栏的"文件"—"打开",选择已有的 CentOS 镜像打开,如图 3-24 所示。点击菜单栏的"启动"菜单,如图 3-25 所示,选择"写入硬盘映像",就会打开写入映像窗口(图 3-26),点击"写入"就可以预制好 Linux 的启动 U 盘。

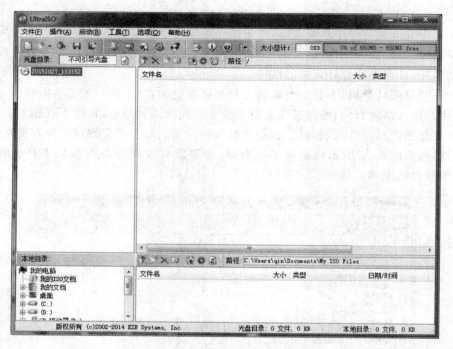

图 3-23　软碟通基本界面

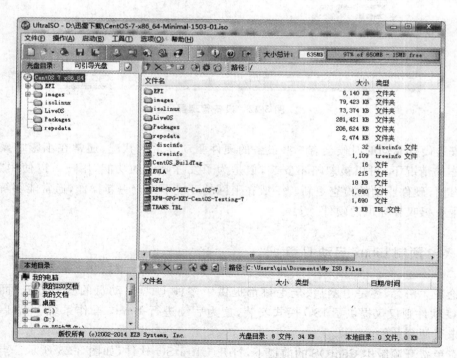

图 3-24　打开 CentOS 镜像

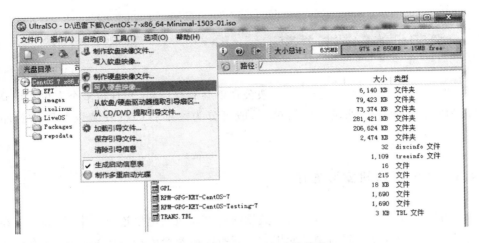

图 3-25 启动写入硬盘映像菜单

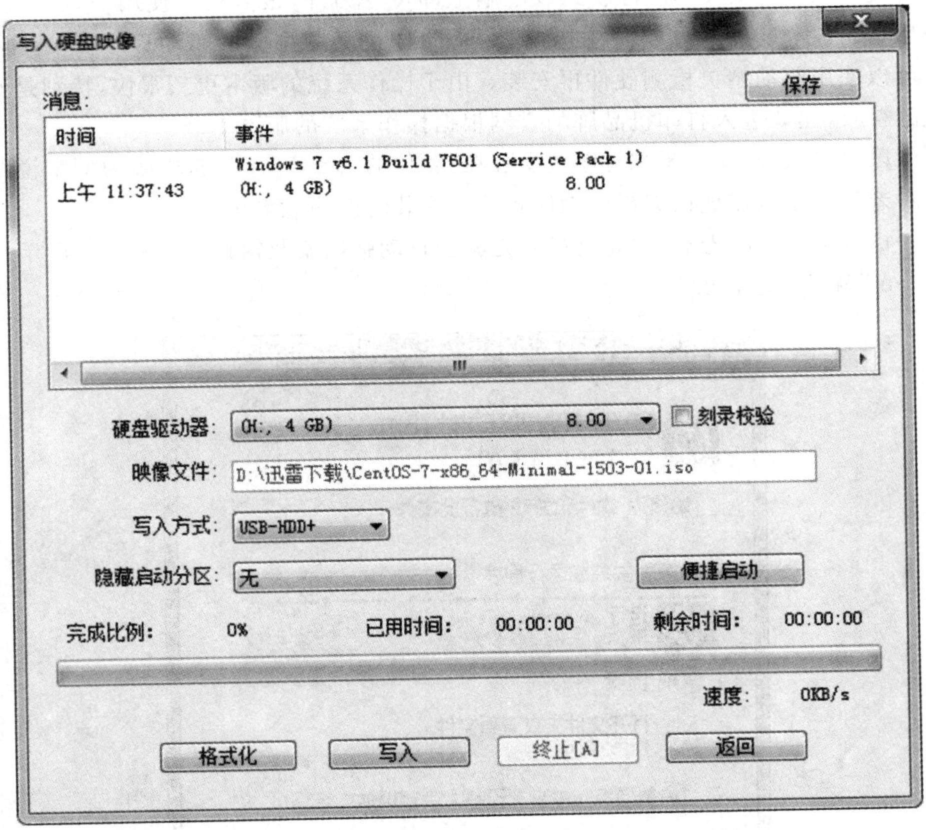

图 3-26 Linux 写入硬盘映像

做好的 Linux 启动 U 盘进行操作系统安装时，只需要设置计算机用 U 盘启动，后续步骤就像使用启动光盘安装一样了。

3.4 打印机的安装与共享

打印机在日常生活中越来越常见,一般公司都会有打印机,并且很多个人也会用到。安装打印机和安装其他一些外设一样简单,一般可分为本地打印机安装以及网络打印机的安装。

3.4.1 本地打印机安装方法

首先将打印机电源线连接好,然后用数据线将打印机与电脑连接起来,另外还需在打印机里面放一些打印纸,方便后面测试使用。一般打印机都会附送随机光盘,内部有打印驱动程序和一些随机用的软件。把随机配送光盘放进光驱,如果要安装打印机的电脑没有光驱,也可以直接把文件拷到 U 盘,再放到该电脑上即可。另外,很多用户使用一段时间重新安装系统后,又找不到光盘,可以去网上下载对应打印机品牌型号的驱动程序安装,不会找的用户还可以使用驱动精灵检测硬件再安装。由于操作系统的版本更新很快,特别是 64 位操作系统的普及,建议进入打印机品牌的官网根据操作系统的版本下载。

下面以一款惠普 1320 激光打印机安装在 64 位的 Windows 7 旗舰版为例来说明,其中包含了对老款打印机在现在流行的操作系统上安装时的注意事项。

打印机自带有驱动光盘,把光盘放入光驱会自动弹出安装窗口,如图 3-27 所示,这时点击"autorun"就可以进行安装。

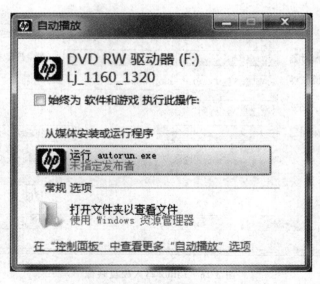

图 3-27 打印机驱动光盘启动

运行 autorun 程序后，打开了打印机安装界面，如图 3-28 所示。

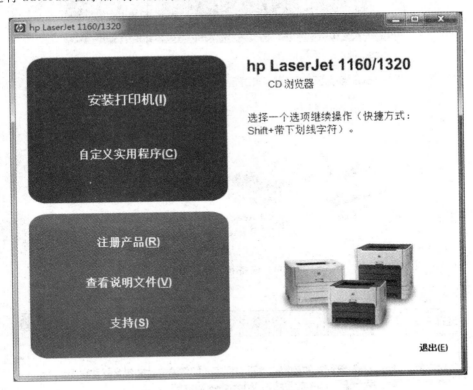

图 3-28　打印机安装

点击"安装打印机"选项，打开，如图 3-29 所示信息，这里提示需要使用系统的打印向导来安装，这时用户应注意到版本的问题。

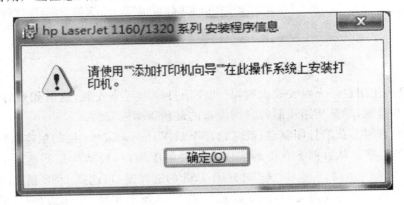

图 3-29　打印驱动程序安装出现故障

使用打印向导来进行打印机驱动程序安装，点击"开始"图标，找到"设备和打印机"选项打开，如图 3-30 所示。

在地址栏下选择"添加打印机"，在向导窗口中进行选择，最后弹出提示信息，如图 3-31

图3-30 设备和打印机窗口

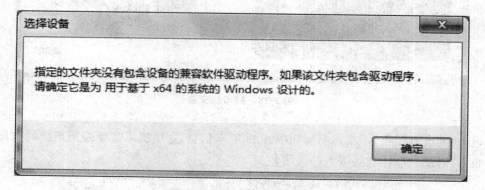

图3-31 驱动版本出错提示

所示。

到此,说明使用自带光盘安装失败,只能使用打印向导来安装,这时候最好想到打印驱动程序的版本问题,尽量使用该品牌官网发布的最新版本来安装。

从品牌的官网上获取打印驱动程序,选择下载 Windows 7 64 位的版本,然后再重新安装打印机驱动程序。从官网上获得的程序首先要解压缩,一般默认是 C 盘上,在解压完毕后弹出如图 3-32 所示窗口,点击"是"打开图 3-33 的选择窗口,选择 USB 模式选项。

所有内容解压缩并安装完毕,就需要按照图 3-30 所示步骤,使用添加打印机向导的方式来安装打印机。在图 3-34 中选择"从磁盘安装",找到新版驱动程序解压缩的文件夹,选择任意一个扩展名为 inf 的配置文件,就可以打开图 3-35 所示打印驱动程序选定窗口。选择一个驱动程序,如 v5.9.0 版本,点击"下一步",进入打印机名称设定窗口,再点击"下一步"就进入真正的打印驱动程序安装等待过程。当出现图 3-36 窗口时,就意味着打印机安装好了,此时可以使用打印测试页来测试打印机是否能正常工作。

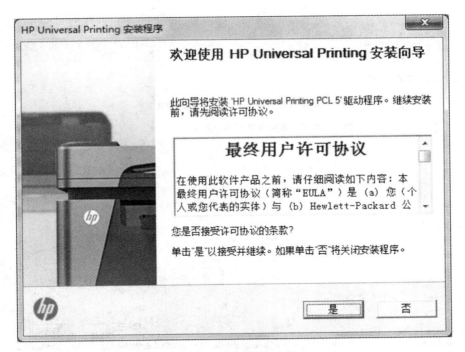

图 3-32　新版驱动安装

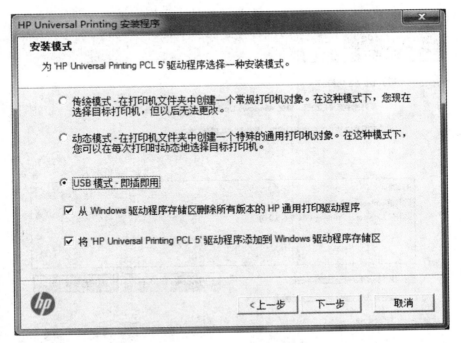

图 3-33　打印驱动安装模式选择

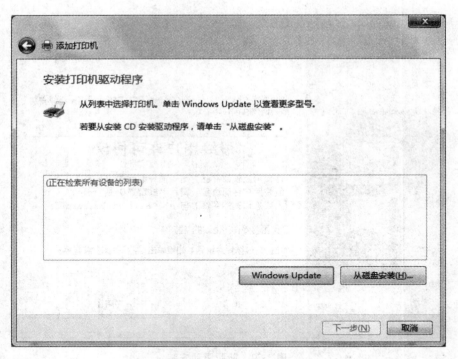

图 3-34 添加打印机

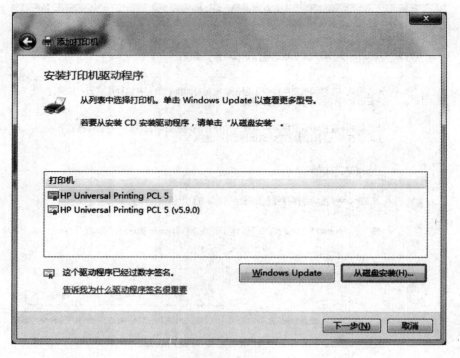

图 3-35 安装打印驱动

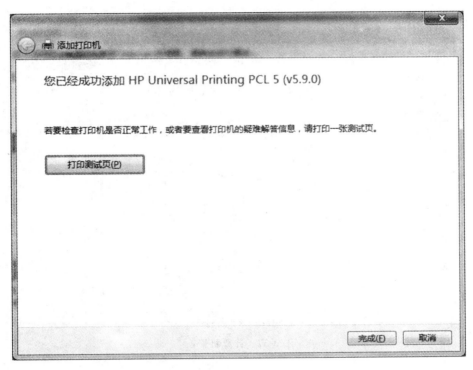

图 3-36 打印机安装成功

3.4.2 网络打印机安装方法

网络打印机在企业中用得相当广泛,因为公司有很多台电脑,但不可能每台电脑都安装打印机,因此一般通过打印机共享完成。打印机共享是需要在公司内部局域网完成的,只要一台电脑安装成功,并且设置共享,那么其他内部局域网的电脑也均可以使用这台打印机网络打印。

网络打印机安装相对于本地打印机来说简单多了,因为事先有一台电脑安装成功,其他电脑仅需要简单设置即可,无须驱动盘,也无须连接打印机,只需要电脑处于内部局域网以及安装打印机的电脑处于开机状态即可。

安装网络打印机需要知道安装有打印机电脑的局域网 IP 地址或者计算机名称即可找到目标电脑,最终就可以轻松找到共享打印机了。

在进行网络共享打印机之前,需要在安装好打印驱动的机子上做好用户设置和打印机的共享。

在桌面计算机图标上使用右键进入图 3-37 所示计算机管理窗口,在这个窗口里点击"用户"进入到用户管理中,如图 3-38 所示。在"Guest"用户上点击鼠标右键,选择"属性"打开图 3-39 所示对话框,点击"账户已禁用"前面的选择框,取消勾选,如图 3-40 所示。

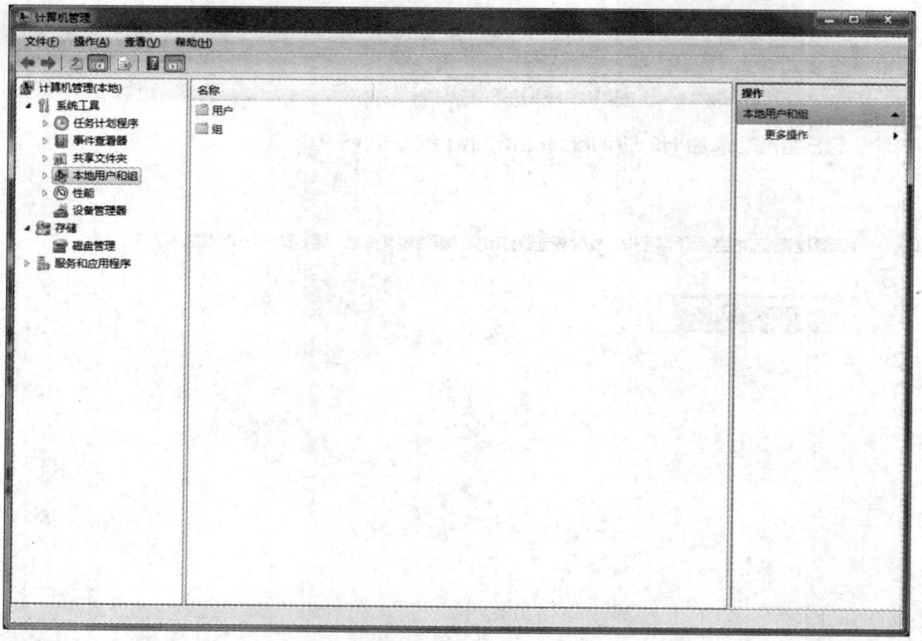

图 3-37 计算机管理

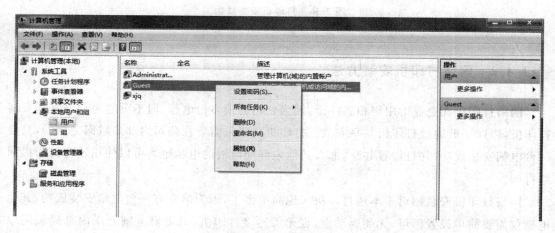

图 3-38 用户管理

设置完 Guest 属性后,就可以对打印机进行共享设置了。在图 3-30 所示窗口中,找到安装好的打印机,在图标上使用鼠标右键选择打印机属性,打开图 3-41 所示窗口,选择"共享"标签。如果计算机的网络连接正常就可以选择图 3-42 所示窗口中的"共享这台打印机",并点击"网络和共享中心",打开图 3-43 窗口,选择"更改高级共享设置",打开窗口图 3-44,在其中把"启用文件和打印机共享"选择上,点击"保存修改"按钮,并在图 3-42 窗口中点击"确定"按钮。

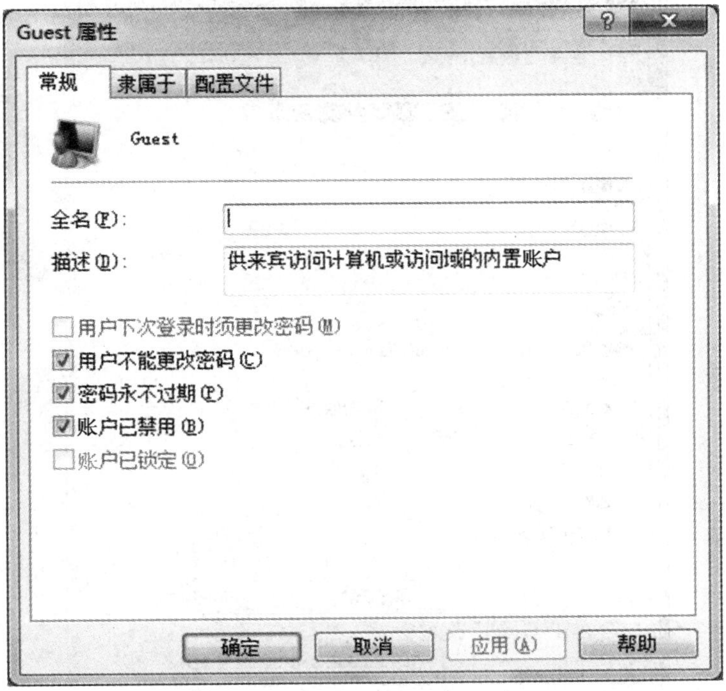

图 3-39　Guest 用户属性对话框

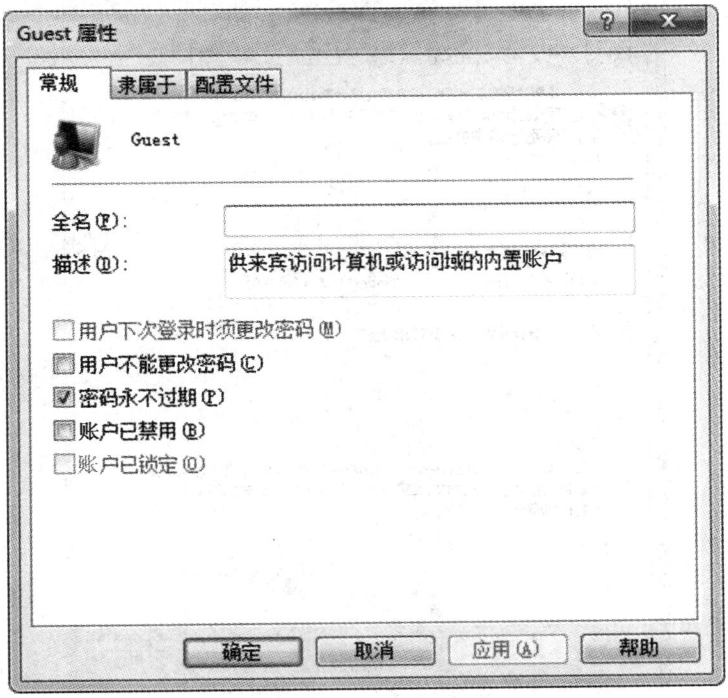

图 3-40　Guest 属性设置

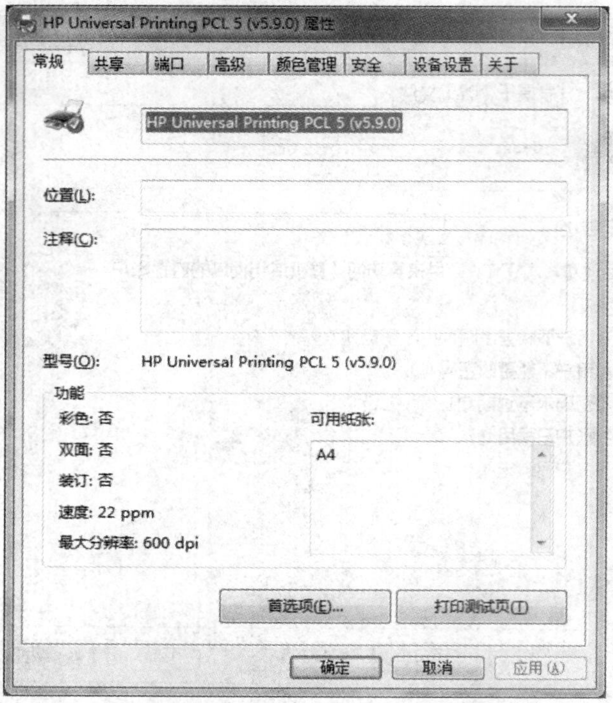

图 3-41　打印机属性

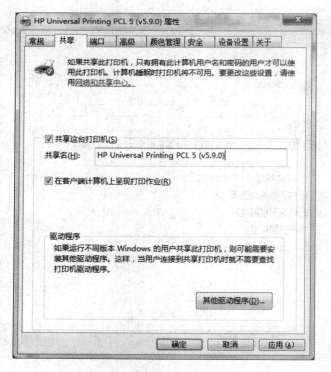

图 3-42　共享打印机

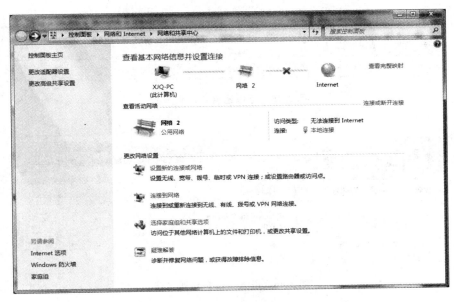

图 3-43　网络和共享中心

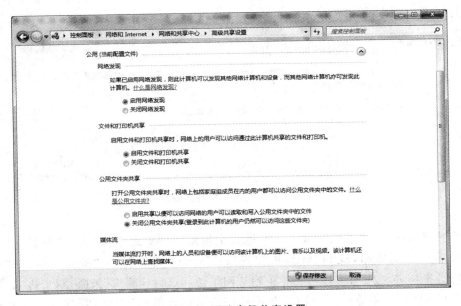

图 3-44　更改高级共享设置

这时网络打印机的基本设置就完成了。需要在本地局域网中进行测试,查看安装打印机的计算机(后续称为打印服务器)的 IP 地址,通过网络属性找到本地连接查看 TCP/IP 属性中的 IPv4 地址就可以知道,假如打印服务器地址为 10.10.184.87,在客户机上双击"计算机"图标,打开资源管理器窗口,在地址栏内输入图 3-45 所示地址。如果打印服务器设置正确了就会进入到图 3-46 所示窗口,看到打印服务器,双击服务器就可以添加网络打印机并使用。

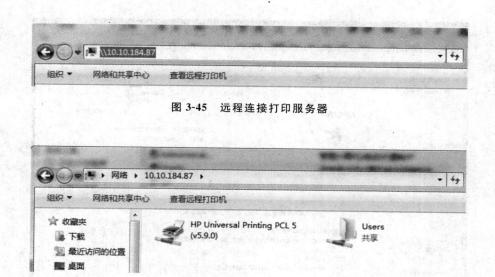

图 3-45　远程连接打印服务器

图 3-46　进入共享打印服务器

如果打印服务器的共享设置有遗漏就会弹出图 3-47 所示出错提示,这就需要在打印服务器上针对安全策略做一些设置。

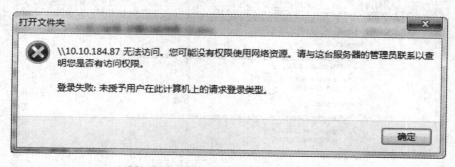

图 3-47　网络共享出错提示

打开"控制面板"—"管理工具"—"本地安全策略"—"本地策略"或者"开始"—"运行"gpedit.msc,打开组策略,找到"计算机配置"—"Windows 设置"—"安全设置"—"本地策略",打开图 3-48 本地策略窗口,找到"拒绝从网络访问这台计算机"策略,双击进入,图 3-49 所示。把 Guest 用户给删除,再检查"允许从网络访问计算机"策略,看其中是否有相关用户,并做添加就可以了。

在打印服务器上做好这些设置,就可以通过客户机远程访问打印服务器了,进入图 3-46 所示窗口,就可以进行打印工作。

有时企业网络划分了很多网段,但是各个网段都是互联的状态,为了跨网段使用打印服务器,就需要在打印服务器上查看主机名称。通过在客户机的 C 盘的路径"C:\Windows\System32\drivers\etc"中打开 hosts 文件做设置,把打印服务器的名称与打印服务器的 IP 地址做好绑定,如图 3-50 所示,就可以使客户机跨网段共享打印服务器了。

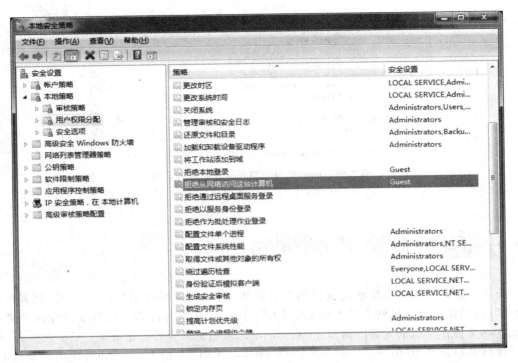

图 3-48 本地策略

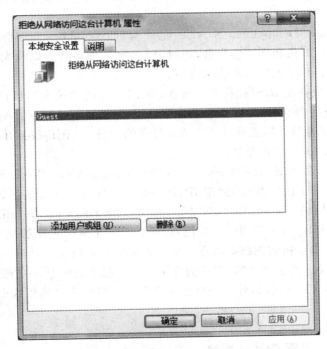

图 3-49 拒绝网络连接本地计算机的用户

图 3-50　hosts 文件设置跨网段共享打印机

3.5　用网络批量安装 Windows 7

公司一般都会根据人员状况批量购置计算机,为了省下操作系统预装费用,很多都是"裸机",而现在的计算机网卡基本都支持 PXE 启动,这样就可以利用网络批量操作来进行 Windows 7 操作系统的安装。这里用 Windows 部署服务来进行批量安装。

预启动执行环境(preboot execute environment,PXE)是由 Intel 公司开发的启动技术,工作于 Client/Server 的网络模式,支持工作站通过网络从远端服务器下载映像,并由此支持来自网络的操作系统的启动过程,一般在 BIOS 启动设置里有类似"PXE boot"菜单即表示支持 PXE 启动。

WDS 是 Windows Deployment Services 的缩写,即 Windows 部署服务。适用于大、中型企业部署大量新计算机和重装客户端,通过 WDS 来管理多版本以及无人参与安装脚本,并提供人工参与安装和无人参与安装的选项。

Windows 部署服务是 RIS(远程安装服务,Win2K 时代的技术),可以使用从 Windows 镜像文件(.wim)安装 Windows 操作系统。Windows 部署服务需求:Active Directory 活动目录、Windows 部署服务器必须是 AD 活动目录的成员、DHCP 服务并授权、客户端支持 PXE 网络启动、Windows 安装光盘。

这里用虚拟机软件 VMware Workstation 来模拟,安装 VM1:Windows Server 2003 R2(双核,1 G,配置 Intel E1000 网卡,固定 IP:10.10.184.10,40G * 2)安装并配置 AD 活动目录、DHCP 服务(作用域:10.10.184.100-10.10.184.200)域:win7-install.com、DNS 服务。在设置虚拟机的网卡时,为了实训模拟方便,需要建立一个客户机能够从 VM1 上进行批量部署,这就要求各个虚拟机的网络必须在一个虚拟网络交换机上。通过 VMware Workstation 的网络设置可以达到这个目的,默认情况下有三个服务的网卡,一个是与物理网卡进行桥接,一个是使用 NAT 方式,另外一个就是主机模式。我们可以利用这个主机模式来完成批量部署任务。

3.5.1　安装与配置 DHCP 服务

首先是安装 DHCP 服务,进入"添加/删除程序","添加/删除 Windows 组件"(图 3-51),

在"网络服务"中选择 DHCP 服务和 DNS 服务,如图 3-52 所示。

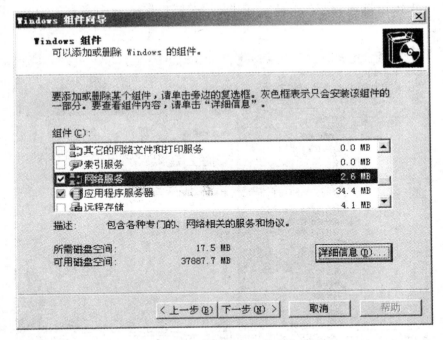

图 3-51　Windows 组件安装

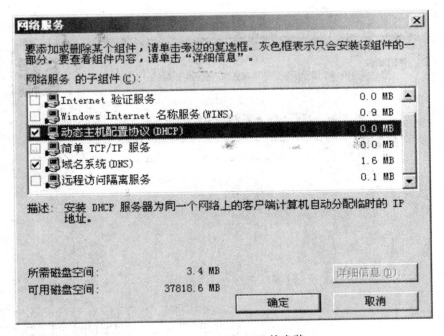

图 3-52　DHCP 和 DNS 的安装

安装好 DHCP 后就需要做配置了,在"管理工具"—"DHCP"中进行设置。首先新建作用域,如图3-53所示。

打开新建作用域向导(图3-54)。在图3-54窗口输入一个名称net-install并点击"下一步"。

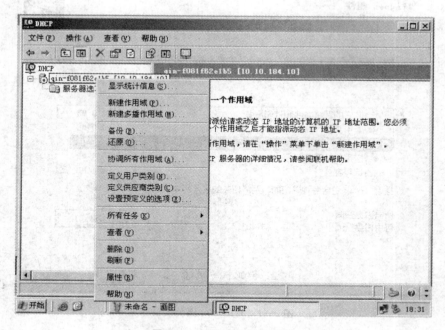

图3-53　DHCP新建作用域

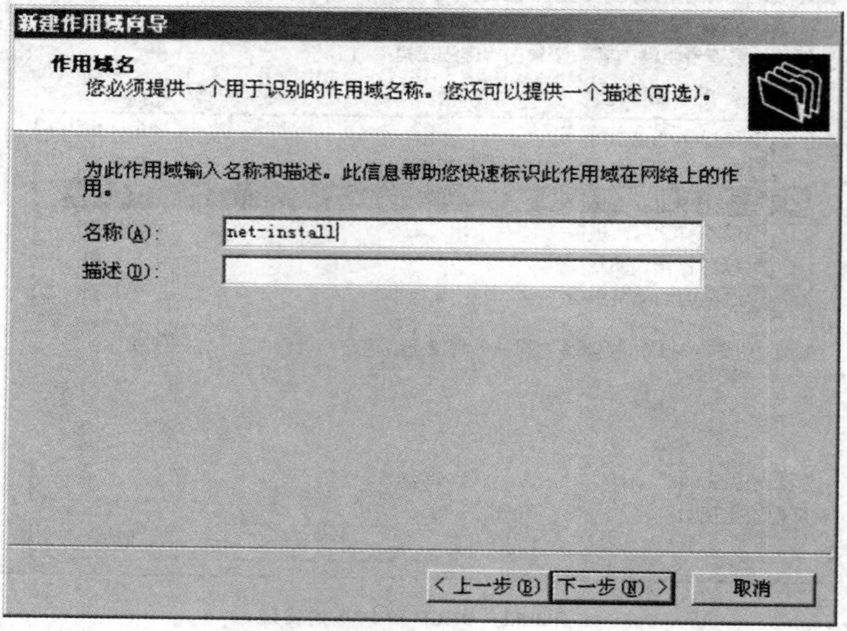

图3-54　设置作用域名称

然后,打开图 3-55 所示窗口,输入作用域分配的地址范围,这里配置为 10.10.184.100-10.10.184.200,掩码为 255.255.255.0;接下来的"添加排除""租约期限"保持默认。进入配置 DHCP 选项后,如图 3-56 所示,选择"是,我想现在配置这些选项"。

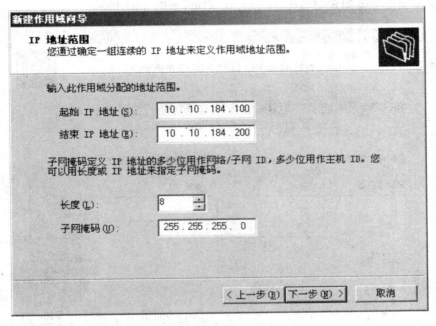

图 3-55 DHCP 地址池范围

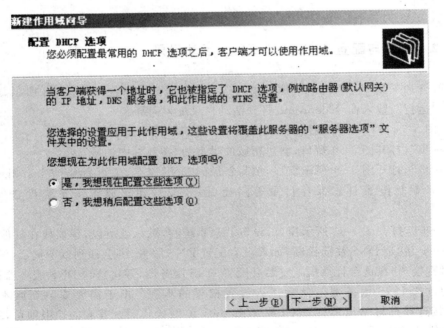

图 3-56 配置 DHCP 选项

配置路由器（默认网关）这一步可以填写好，为后续跨网段安装做准备，在局域网中就选择默认，直接点击"下一步"。

在网络中实现跨网段应用就要记好在 DNS 服务器上的名称，由于在内网，父域随便填写，IP 地址添加服务器固定 IP 10.10.184.10 即可，如图 3-57 所示。

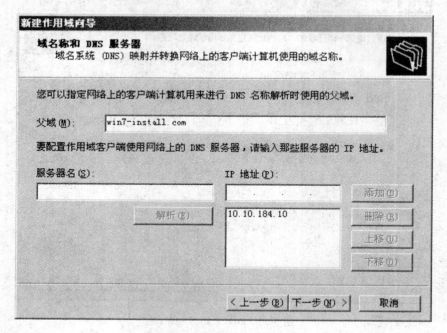

图 3-57　域名称和 DNS 服务器

3.5.2　安装与配置 Active Directory 活动目录

打开"管理工具"—"管理您的服务器"，选择添加服务器角色，如图 3-58 所示，或者使用"开始"—"运行"，输入命令 dcpromo 打开活动目录配置向导。

打开图 3-59 窗口，添加域控制器角色，并新建新域的域控制器。

"下一步"，打开图 3-60 窗口，创建新域的类型为"在新林中的域"。

"下一步"，打开图 3-61 所示窗口，填写新域的 DNS 全名，填写为 win7-install.com。

接下来就是配置日志保存目录等路径（图 3-62），建议放置于系统盘之外的其他分区。

"下一步"，打开图 3-63 所示窗口，设置共享系统卷，默认就可以，建议放在其他盘符下。

"下一步"就是 DNS 注册诊断，如果没有配置 DNS 服务，则会遇到以下提示（图 3-64）。

这里直接选"在这台计算机上安装并配置 DNS 服务器，并将这台 DNS 服务器设为这台计算机的首选 DNS 服务器"，然后进入设置权限的步骤。由于需要安装新版本的 Windows，直接选择只与 Windows 2000 或 Windows 2003 操作系统兼容的权限即可，然后设置一下还原模式的密码，随后会显示配置摘要，确认没问题后，Active Directory 会开始安装。安装完成后重启服务器。

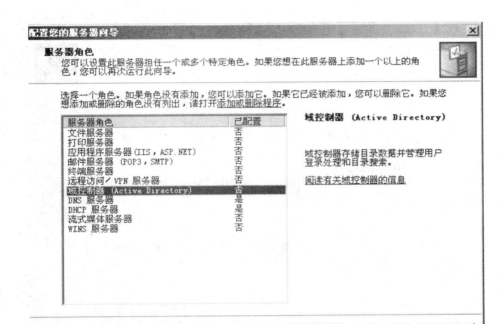

图 3-58 服务器向导

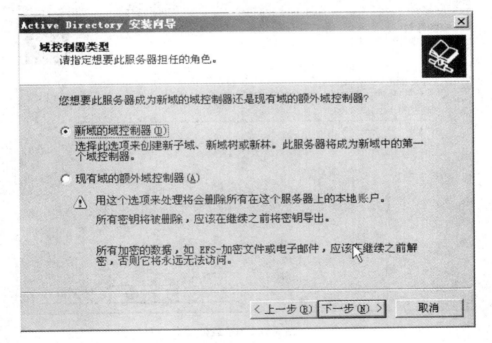

图 3-59 域控制器类型

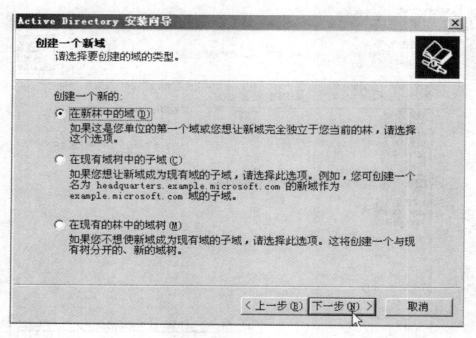

图 3-60　创建一个新域

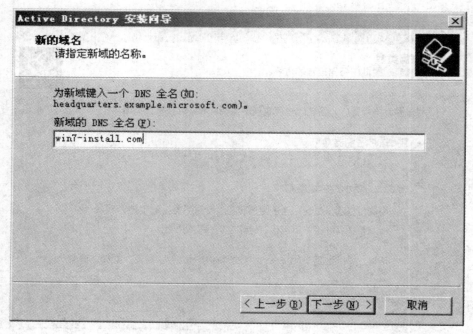

图 3-61　新的域名

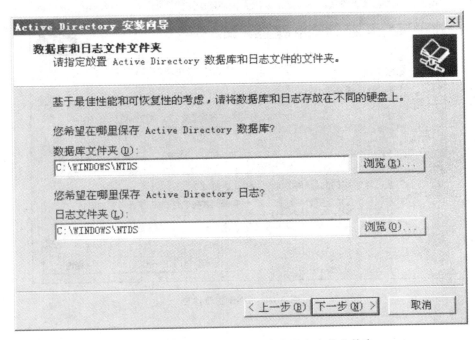

图 3-62　Active Dircetory 数据库和日志文件文件夹

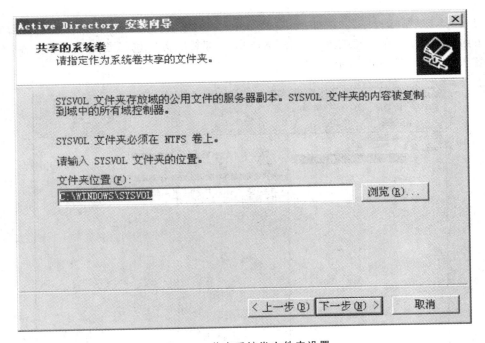

图 3-63　共享系统卷文件夹设置

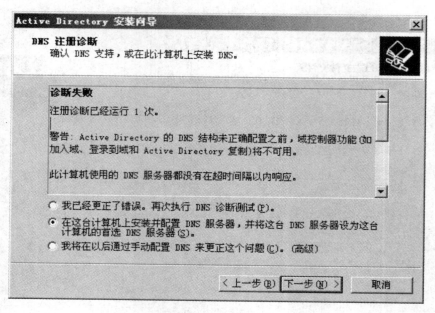

图 3-64　DNS 注册诊断

3.5.3　安装与配置 Windows 部署服务

打开"添加/删除程序","添加/删除 Windows 功能",然后勾选"Windows 部署服务"。

安装完成之后,在管理工具中打开"Windows 部署服务",选择要配置的服务器,右键选择配置服务器,如图 3-65 所示。

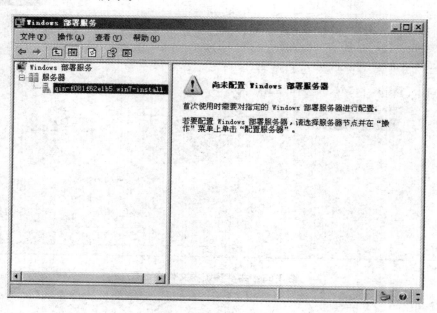

图 3-65　Windows 部署服务器

打开"Windows 部署服务配置",确认向导中的请求,如图 3-66 所示输入远程安装文件夹的位置和名称,注意要放在 NTFS 分区当中,然后单击"下一步"。

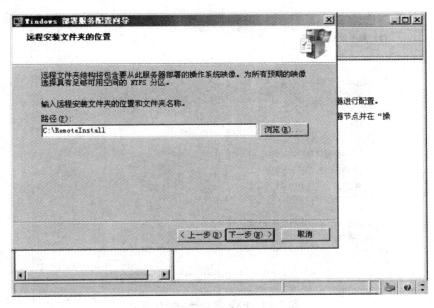

图 3-66　部署服务配置向导

进入 DHCP 选项,如图 3-67 所示,选择"不侦听端口 67",并勾选"将 DHCP 选项标记 ♯60 配置为 PXEClient"。

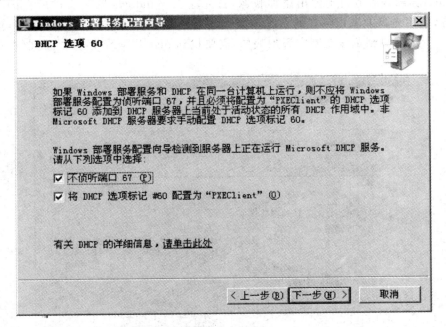

图 3-67　DHCP 选项 60

单击"下一步",打开图 3-68 窗口,为可以让客户机从 PXE 启动,在 PXE 服务器初始设置时,选择"响应所有客户端计算机"。

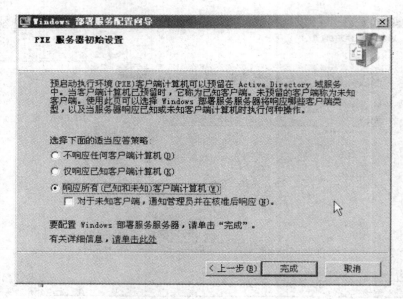

图 3-68　PXE 服务器初始设置

配置完成后,勾上"立即在 Windows 部署服务器上添加镜像",然后单击"完成"退出服务器配置向导。

Windows 部署服务自动弹出添加映像,首先输入 Windows 安装文件所在的路径。这里要注意,使用光盘或者把下载的系统映像做解压缩,拷贝到盘的一个文件夹中,然后再通过图 3-69 所示窗口浏览按钮制定添加映像,需要找到 install.wim 镜像配置文件,如果找不

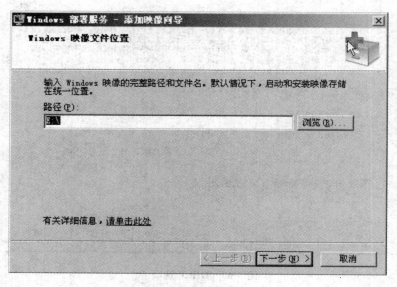

图 3-69　Windows 映像文件位置

到以扩展名为 wim 的文件,将不能把系统映像加载到部署服务器中,这个 wim 文件通常在系统盘的 source 文件夹中。

点击"下一步",进入图 3-70 所示窗口,根据需要自行创建一个名字为 Win 7 的新映像组。

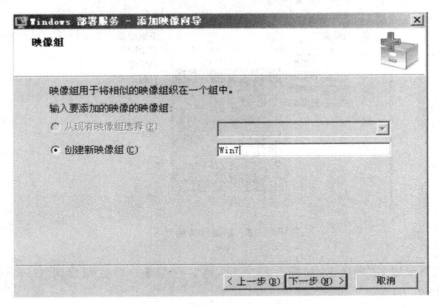

图 3-70　映像组

随后确认设置,添加映像向导开始验证并配置。完成添加映像操作后,还需要添加启动映像,在图 3-71 所示服务器配置上,找到"启动映像",鼠标右键点击"添加启动映像"。

进一步对 Windows 部署服务进行配置,打开"Windows 部署服务",选择"服务器",单击右键选择"属性",图 3-72 所示。

图 3-71　启动映像添加

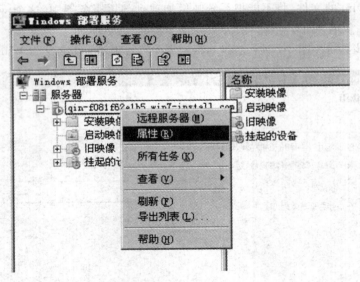

图 3-72　部署服务属性

打开"目录服务"选项卡,如图 3-73 所示,将客户端账户位置配置到"Computers",如图 3-74 所示。

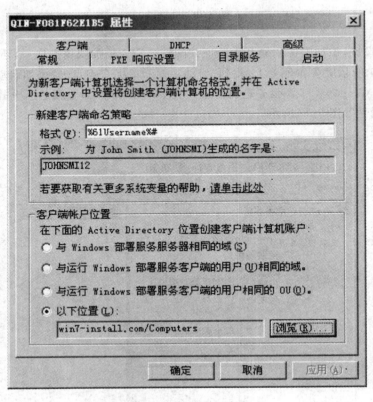

图 3-73　目录服务选项

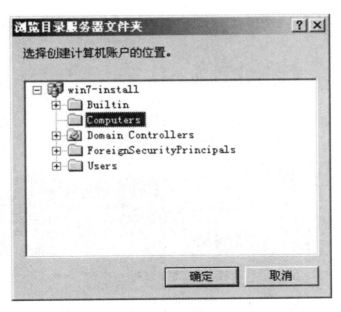

图 3-74　目录浏览定位 Computer

同时检查高级选项卡中对 DHCP 授权的设置，需要将其设置为"是，我想在 DHCP 中授权 Windows 部署服务器"，点击"确定"后，打开"管理工具"—"DHCP"，如图 3-75 所示，重启 DHCP 服务，让 DHCP 服务器在域服务器中得到授权。

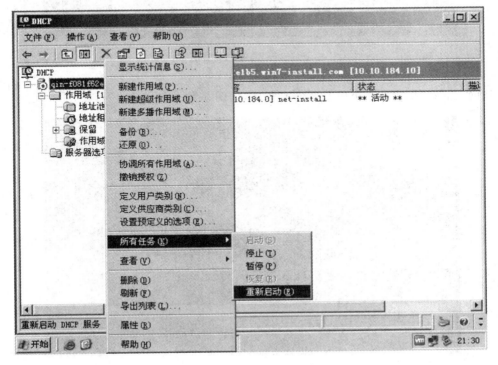

图 3-75　重启 DHCP 服务

完成图 3-72 所示部署服务器设置后,在服务器名称上单击右键点"所有任务"—"重新启动",刷新部署服务器。

3.5.4 客户 Windows 7 系统的安装与配置

由于是域服务器部署,需要在域中创建安装用户。打开命令提示符,输入如下命令如图 3-76 所示,创建域用户。其中 test1 为用户名,123abc+- 为密码。

图 3-76 创建域用户

在客户机上设置从网卡启动,开启从 DHCP 获得 IP 地址,如图 3-77 所示。

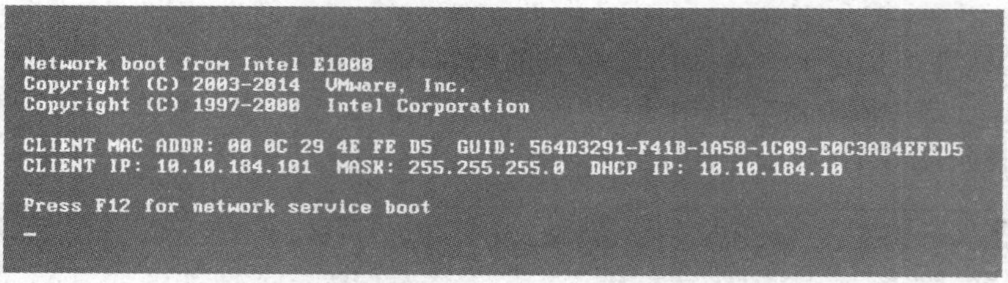

图 3-77 设置网卡启动

从网卡启动后,再按下 F12 启动安装程序,如图 3-78 和图 3-79 所示。

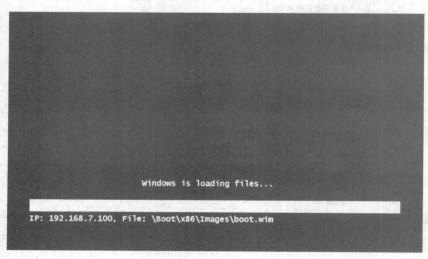

图 3-78 远程安装加载

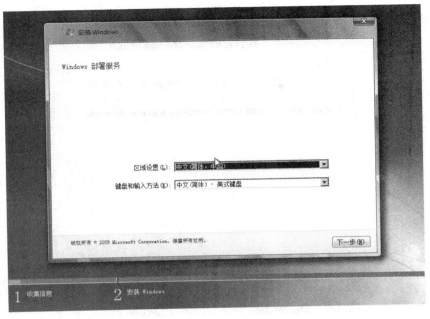

图 3-79　远程安装部署

随后在图 3-80 界面，输入前面建立的域用户进行登录。

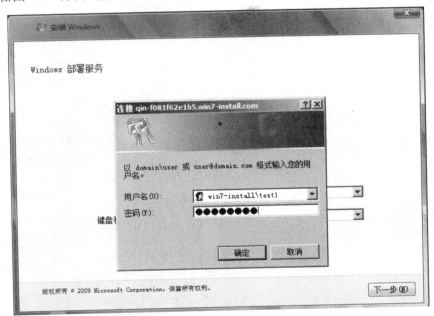

图 3-80　域用户名输入

在图 3-81 中，选择好安装版本就可以进行下一步安装了。

至此，用网络批量安装 Windows 7 完成。在使用网络批量安装后，还需要进一步探讨无人值守安装，更能提高桌面运维工程师的工作效率。

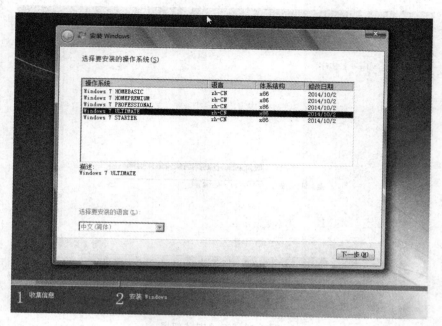

图 3-81　选择安装版本

chapter 4

网络运维工程师实训

> 网络工程师是企业网络运行维护的保障人员,要求能够根据企业的网络需求,进行网络的规划和组建,在网络的运行过程中,能够对网络的扩展升级进行网络相关的技术应用。现在企业对于网络工程师职责的定位要求不同,要求网络工程师掌握的技术水平及侧重点不同。不管企业的要求如何,网络工程师需要通过不断地学习和实践来完善自己的工程经验,这就要注重平时的积累,比如使用网络仿真软件来模拟企业网络的现实应用,在虚拟的环境中锻炼技能。

4.1 网络仿真工具

网络工程师需要不断加强自身的技能,就需要有现实的网络设备做对象进行训练,但是一般网络工程师很难有一个整套的企业网络机架,这就需要使用厂商提供或者一些针对网络设备研发的仿真工具,下面就给大家介绍一些常用的网络仿真软件。

4.1.1 思科 Packet Tracer

Packet Tracer 是由 Cisco 公司发布的一个辅助学习工具,为学习思科网络课程的初学者去设计、配置、排除网络故障提供了网络模拟环境。用户可以在软件的图形用户界面上直接使用拖曳方法建立网络拓扑,并可提供数据包在网络中行进的详细处理过程,观察网络实时运行情况。可以学习 IOS 的配置、锻炼故障排查能力。Packet Tracer 的基本界面如图 4-1 所示。

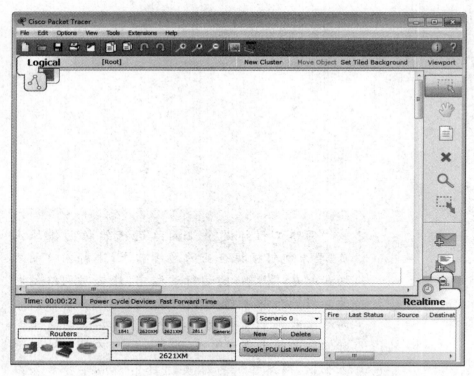

图 4-1 Packet Tracer 界面

4.1.2 GNS

GNS3 是一款具有图形化界面,可以运行在多平台(包括 Windows,Linux,和 Mac OS 等)的网络虚拟软件。Cisco 网络设备管理员或是想要通过 CCNA,CCNP,CCIE 等 Cisco 认证考试的相关人士可以通过它来完成相关的实验模拟操作。同时它也可以用于虚拟体验 Cisco 网际操作系统 IOS 或者是检验将要在真实的路由器上部署实施的相关配置。

简单说来它是 Dynamips 的一个图形前端,相比直接使用 Dynamips 这样的虚拟软件更容易上手和更具有可操作性。

GNS3 整合了如下的软件:Dynamips[一款可以让用户直接运行 Cisco 系统(IOS)的模拟器]、Dynagen(Dynamips 的文字显示前端)、Pemu(PIX 防火墙设备模拟器)、Winpcap(Windows 平台下一个免费、公共的网络访问系统,为 Win32 应用程序提供访问网络底层的能力)。

GNS3 的基本界面如图 4-2 所示。

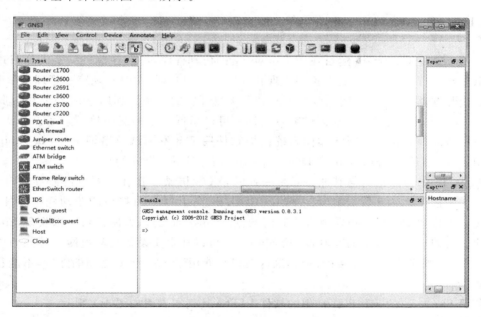

图 4-2 GNS3 界面

4.1.3 HCL(H3C Cloud Lab)

华三云实验室(H3C Cloud Lab,HCL)是一款界面图形化的全真网络模拟软件,用户可以通过该软件实现 H3C 公司多个型号的虚拟设备的组网,是用户学习、测试基于 H3C 公司 Comware V7 平台的网络设备的必备工具。HCL 界面如图 4-3 所示。

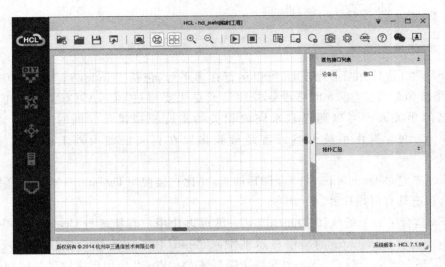

图 4-3　HCL 界面

> **4.1.4　Simware**

Simware 是 Comware 运行在 Windows 下的仿真程序,可以在单机和多机分布式环境下模拟多台运行 Comware 的设备并实现相互间的组网互联,同时实现统一管理。基于 VC 环境直接开发调试,一定程度上极大地提高了项目开发的效率。利用 Simware 可以脱离设备运行 Comware 平台软件,在测试或者培训上可以降低成本和提高培训效率。事实上,各大设备制造商都有自己的网络操作系统模拟软件用于开发测试及培训工作,如 Juniper 的 Olive,Cisco 的 IOU 等(Cisco 的 Dynamips 用得多,但不是官方的)。

Simware 的体系结构与其他产品是一致的,VOS 屏蔽了操作的系统的差异。Simware 支持以太网接口(二、三层)、串口、ATM、CPOS、E1 等几乎所有接口的驱动模拟。其中,以太网接口支持和 PC 真实物理网卡的通信,通过 Simware 的以太网接口可以实现 Simware 和其他设备的以太网接口的互联,因此 Simware 可以和真实设备互联组网。其他的接口都是通过 UDP 模拟点对点连接的链路,这些接口只能用于 Simware 之间的连接,不能和真实设备间互通。

利用 Simware 的一款市面常用的软件 LITO,其基本界面如图 4-4 所示。

> **4.1.5　华为 eNSP**

eNSP(enterprise network simulation platform)是一款由华为提供的免费的、可扩展的、图形化操作的网络仿真工具平台,主要对企业网路由器、交换机进行软件仿真,完美呈现真实设备实景,支持大型网络模拟,让广大用户有机会在没有真实设备的情况下模拟演练、学习网络技术。eNSP 界面如图 4-5 所示。

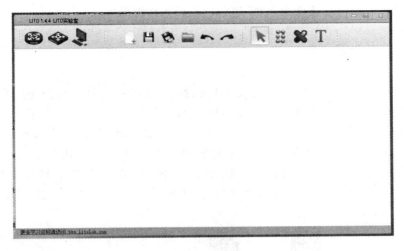

图 4-4　LITO 界面

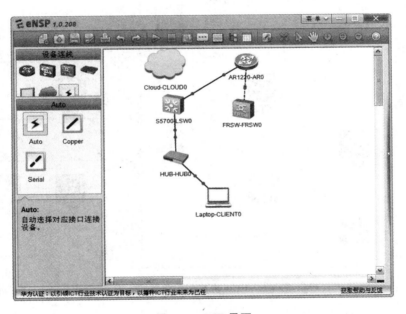

图 4-5　eNSP 界面

4.2　HCL 仿真企业网络应用

　　H3C 是杭州华三通信技术有限公司的简称,其前身是华为和美国 3COM 公司合资成立的网络产品生产商,其网络产品使用 Comware 系统,命令集与思科的命令集区别较大,但是配置应用的基本原理类似。从 2013 年开始,H3C 与教育部合作,赞助高职技能大赛的计算机网络应用赛项,从企业应用的角度开发学生的潜能,向网络工程师迈进。下面就以高职技能竞赛官网发布的竞赛题库为参考,进行网络相关技能的实训。

4.2.1 项目背景

某知名外企进入中国,在北京建设了自己的国内总部。为满足公司经营、管理的需要,需要建立公司信息化网络。总部办公区设有市场部、财务部、人力资源部、信息技术部等 4 个部门,并在异地设立了一个分部,为了业务的开展,需要合作伙伴访问公司内部服务器。根据这个企业的建网需求,某系统集成公司进行网络规划和部署。为了确保部署成功,前期进行仿真测试。测试环境包括了 3 台路由器、3 台以太网交换机、2 台数据中心交换机、2 台服务器、2 台主机,对于整个网络环境使用 H3C 模拟器 HCL 进行拓扑构建,如图 4-6 所示。

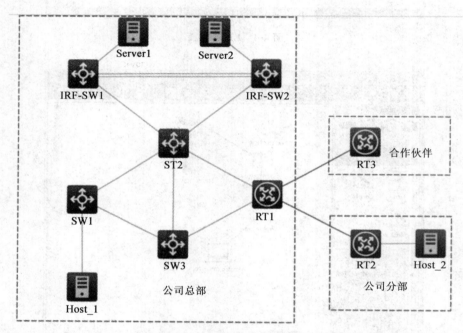

图 4-6 HCL 仿真企业应用拓扑图

4.2.2 网络配置需求

要完成一个安全、稳定、可靠的企业网,需要在网络设备上做一些功能性的设置。

1. 网络的拓扑连接和基本设置

网络应用最主要的是了解拓扑结构,进行设备连接,需要把连接的设备和端口信息用表格的形式做好备份(表 4-1,表 4-2)。

表 4-1 设备主机名称

设备名称	配置主机名（sysname）	说明
SW1	SW1	总部二层交换机
SW2	SW2	总部三层交换机
SW3	SW3	总部三层交换机
IRF-SW1 IRF-SW2	IRF	总部数据中心交换机
RT1	RT1	总部路由器
RT2	RT2	分部路由器
RT3	RT3	合作伙伴路由器

表 4-2 设备连接

源设备名称	设备接口	目标设备名称	设备接口
SW1	G0/1	SW2	G0/2
SW1	G0/2	SW3	G0/2
SW2	G0/3	SW3	G0/3
SW1	G0/3	PC1	
SW2	G0/1	RT1	G0/0
SW3	G0/1	RT1	G0/1
SW2	G0/23	IRF-SW1	G0/23
SW2	G0/24	IRF-SW2	G0/24
IRF-SW1	G0/1	Server1	
IRF-SW2	G0/1	Server2	
RT1	S2/0	RT2	S2/0
RT1	S3/0	RT3	S2/0
RT2	G0/0	PC2	

2．虚拟化设置

数据中心交换机需要实现虚拟化，交换机是 H3C 的 5800 系列交换机，所支持的虚拟化技术为 IRF。在两台交换机上启用 IRF，要求为链形堆叠，IRF Domain 值为 10。

3．链路可靠性配置

RT1 与 RT2、RT1 与 RT3 使用广域网串口线连接，使用 PPP 协议。为了安全起见，使用双向 CHAP 验证（用户名＋密码的方式），验证口令为 123456。

4．VLAN 配置

为了减少广播，需要规划 VLAN（virtual local area network，虚拟局域网）。具体要求如下:所有交换机间均采用 Trunk 链路互连,要求配置合理,不允许不必要的 VLAN 通过;根据表 4-3,在二层交换机上完成 VLAN 配置和端口分配;三层交换机与路由器间不建议采用 VLAN-Interface 接口互联,直接采用三层模式互联。

表 4-3 设备连接

VLAN 编号	VLAN 名称	说明	端口分配
VLAN10	Marketing	市场部	SW1,IRF-SW1,IRF-SW2 上的 5~8 端口
VLAN20	Finance	财务部	SW1,IRF-SW1,IRF-SW2 上的 9~12 端口
VLAN30	HR	人力资源部	SW1,IRF-SW1,IRF-SW2 上的 13~16 端口
VLAN100	IT	信息技术部	SW1,IRF-SW1,IRF-SW2 上的 17~20 端口
VLAN400	Windows Server	Windows 服务器区	IRF-SW1 上的 1~4 端口
VLAN500	Linux Server	Linux 服务器区	IRF-SW2 上的 1~4 端口

5. IP 地址规划与配置

北京总部办公区各部门以及公司分部信息点分布如表 4-4 所示。

表 4-4 信息点分布

部门	信息点
市场部	100
财务部	40
人力资源部	17
信息技术部	13
公司分部	30

由于公网地址紧张,所以只能在公司的总部和分部使用私网地址。计划使用 10.0.0.0/23 地址段。规划的结果如表 4-5 所示。

表 4-5 IP 地址规划

区域	IP 地址段	网关
市场部	10.0.0.0/25	10.0.0.126
财务部	10.0.0.128/26	10.0.0.190
人力资源部	10.0.0.192/27	10.0.0.222
信息技术部	10.0.0.224/28	10.0.0.238
公司分部	10.0.1.0/27	10.0.1.30

公司总部放置和维护 2 台服务器,其中一台是 Windows 操作系统,另外一台是 Linux 操作系统。所规划的服务器 IP 地址如表 4-6 所示。

表 4-6 服务器地址

设备	IP 地址段	网关
服务器 1(Server1)	10.0.1.100/28	10.0.1.110
服务器 2(Server2)	10.0.1.200/28	10.0.1.206

为了给合作伙伴提供服务,计划使用静态 NAT 技术将服务器 IP 地址向公网发布。公司从 ISP 处申请到的公网 IP 地址为 100.0.0.1～100.0.0.15。规划的服务器私网地址与公网地址映射关系如表 4-7 所示。

表 4-7 服务器地址

设备名称	私网地址	公网地址
服务器 1(Server1)	10.0.1.100/28	100.0.0.1
服务器 2(Server2)	10.0.1.200/28	100.0.0.2

为了维护管理方便,计划给公司内所有三层网络设备配置 LoopBack 地址,要求使用 32 位掩码。所规划的 LoopBack 地址如表 4-8 所示。

表 4-8 设备的 LoopBack0 地址

设备	IP 地址
RT1 的 LoopBack0 地址	9.9.9.1
SW2 的 LoopBack0 地址	9.9.9.2
SW3 的 LoopBack0 地址	9.9.9.3
RT2 的 LoopBack0 地址	9.9.9.4

此外,路由器间通过公网连接,其 IP 地址情况如表 4-9 所示。

表 4-9 广域网地址分配

设备	IP 地址
RT1—RT2	202.0.1.0/30
RT1—RT3	202.0.2.0/30

公司内部设备间互联地址使用 172.16.0.0/24 网段,并使用 30 位掩码。如表 4-10 所示。

表 4-10 内部网段地址分配

设备	IP 地址
SW2—RT1	172.16.0.0/30
SW3—RT1	172.16.0.4/30

6. 路由配置

路由器间连接属于公网部分,使用静态路由。公司总部网络使用 OSPF 协议,分部使用静态路由。

OSPF 协议配置具体要求如下:总部网络配置为 OSPF 的骨干区域;在 RT1 上配置去往分部的静态路由,并引入到 OSPF 中;配置 OSPF Hello 报文的发送时间为 1 s;配置 OSPF 进行 SPF 计算的时间间隔最小值为 100 ms;公司内部网络(包括公司分部)的所有网络设备均将 LoopBack 地址发布。

7. MSTP 及 VRRP

在交换机 SW1,SW2,SW3 上配置 MSTP 防止二层环路;在三层交换机 SW2 和 SW3 上配置 VRRP,实现主机的网关冗余。要求如下:在正常情况下,部门内主机的数据流经由三层交换机 SW2—RT1 转发(不允许经由 SW3 转发);当 SW2 的上行链路发生故障时,主机的数据流切换到经 SW3—RT1 转发;故障恢复后,主机的数据流又能够切换回去。其中各 VRRP 组中高优先级设置为 120,低优先级设置为 100。

8. 高可靠性

为了增强网络的可靠性以适应数据中心快速收敛要求,要求相关设备上实现如下配置:要求数据中心交换机与 SW2 的互联链路间使用 DLDP 协议,以防止由于单向链路引发的设备不能正常收发数据的情况;要求数据中心交换机与 SW2 的互联链路间采用链路聚合方式,链路聚合配置为动态(Dynamic)聚合组;VRRP 组中的 Master 设备配置监视上行链路功能,并和 BFD 配合,要求上行链路故障时,VRRP 切换时间小于 1 s。

9. 网络地址转换规划与配置

在 RT1 上配置 NAT。要求内网的所有私有地址(网络设备除外)均可经地址转换(使用地址池方式)后访问公网。内网用户访问公网只能使用连接合作伙伴的线路。公网用户通过静态 NAT 转换而访问公司内服务器。公网用户只能通过连接合作伙伴的线路访问内部服务器。合作伙伴通过 Easy IP 方式的 NAT 进行地址转换后访问公网。

10. VPN 配置

总部与分部间通过 IPSec VPN 互访。要求如下:总部与分部间(RT1—RT2)采用 IKE 的主模式建立隧道,预共享密钥为 123456。报文封装形式是 Tunnel 模式,安全协议为 ESP,加密算法为 DES,验证算法为 MD5。

11. 设备安全访问设置

为网络设备开启远程登录(telnet)功能,并按照表 4-11 为网络设备配置相应密码。并且只允许信息技术部的工作人员可以通过 Telnet 访问设备。

表 4-11　网络设备访问设置

设备名称(主机名)	远程登录密码
RT1	000000(明文)
RT2	000000(明文)
SW2	000000(明文)
SW3	000000(明文)

4.2.3 IRF 虚拟化实施

在进行网络设备功能配置时,大部分工作都可以同时进行,一般建议网络工程师做脚本的编写工作,有利于对网络进行调试,另外这也是网络工程师提高工作效率的手段。因为网络厂商的命令集基本相似,特别是分成思科系列和华为系列,工作中碰到什么样的设备,直接把脚本拿出来根据实际设备的命令集情况做修改,然后使用终端软件拷贝进入设备就可以,这样能大大地提高工作的效率。

虚拟化技术是当前企业 IT 技术领域的关注焦点,采用虚拟化来优化 IT 架构,提升 IT 系统运行效率是当前技术发展的方向。对于服务器或应用的虚拟化架构,IT 行业相对比较熟悉。一方面,在服务器上采用虚拟化软件运行多台虚拟机(virtual machine,VM),以提升物理资源利用效率,可视为 1∶N 的虚拟化;另一方面,将多台物理服务器整合起来,对外提供更为强大的处理性能(如负载均衡集群),可视为 N∶1 的虚拟化。对于基础网络来说,虚拟化技术也有相同的体现:在一套物理网络上采用 VPN 或 VRF 技术划分出多个相互隔离的逻辑网络,是 1∶N 的虚拟化;将多个物理网络设备整合成一台逻辑设备,简化网络架构,是 N∶1 的虚拟化。

H3C 虚拟化技术 IRF(intelligent resilient framework)属于 N∶1 整合型虚拟化技术范畴。实质就是把多台物理设备虚拟化成为一台设备来使用。

在进行配置之前,需要把两台设备的虚拟化缆线(堆叠线)拔下,不让两台设备连在一起,然后做配置。

[IRF-SW1] irf domain 10
[IRF-SW1] irf member 1 renumber 1   //配置 IRF 设备的编号
[IRF-SW1] irf member 1 priority 5   //配置设备的优先级,值越大优先级越高
[IRF-SW1] save
[IRF-SW1] quit
<IRF-SW1> reboot
[IRF-SW2] irf domain 10
[IRF-SW2] irf member 1 renumber 2
[IRF-SW1] save
[IRF-SW2] quit
<IRF-SW2> reboot

在做设备的 IRF 编号修改之前,最好使用 display irf member 命令查看设备本身的 member ID 号是多少,再做修改。

设置完编号后,连接堆叠线,连接万兆端口 1/0/50 和 1/0/51,关闭物理端口,创建设备的堆叠端口并与物理端口绑定,然后开启物理端口并保存配置,最后激活 IRF 端口配置。其中,物理端口不关闭,就会提示"Please shutdown the current interface first",对于物理端口与 IRF 端口绑定后就会提示"You must perform the following tasks for a successful IRF setup: Save the configuration after completing IRF configuration. Execute the 'irf-port-configuration active' command to activate the IRF ports"要求激活，最后开启物理接口，并激活 IRF 就可以了。

[IRF-SW1] interface ten-gigabitethernet 1/0/50
[IRF-SW1-Ten-GigabitEthernet1/0/50] shutdown
[IRF-SW1-Ten-GigabitEthernet1/0/50] quit
[IRF-SW1] interface ten-gigabitethernet 1/0/51
[IRF-SW1-Ten-GigabitEthernet1/0/51] shutdown
[IRF-SW1-Ten-GigabitEthernet1/0/51] quit
[IRF-SW1] irf-port 1/2
[IRF-SW1-irf-port 1/2] port group interface ten-gigabitethernet 1/0/50
[IRF-SW1-irf-port 1/2] port group interface ten-gigabitethernet 1/0/51
[IRF-SW1-irf-port 1/2] quit
[IRF-SW1] interface ten-gigabitethernet 1/0/50
[IRF-SW1-Ten-GigabitEthernet1/0/50] undo shutdown
[IRF-SW1-Ten-GigabitEthernet1/0/50] quit
[IRF-SW1] interface ten-gigabitethernet 1/0/51
[IRF-SW1-Ten-GigabitEthernet1/0/51] undo shutdown
[IRF-SW1-Ten-GigabitEthernet1/0/51] quit
[IRF-SW1] save

[IRF-SW2] interface ten-gigabitethernet 2/0/50
[IRF-SW2-Ten-GigabitEthernet2/0/50] shutdown
[IRF-SW2-Ten-GigabitEthernet2/0/50] quit
[IRF-SW2] interface ten-gigabitethernet 2/0/51
[IRF-SW2-Ten-GigabitEthernet2/0/51] shutdown
[IRF-SW2-Ten-GigabitEthernet2/0/51] quit
[IRF-SW2] irf-port 2/1
[IRF-SW2-irf-port 2/1] port group interface ten-gigabitethernet 2/0/50
[IRF-SW2-irf-port 2/1] port group interface ten-gigabitethernet 2/0/51
[IRF-SW2-irf-port] quit
[IRF-SW2] interface ten-gigabitethernet 2/0/50
[IRF-SW2-Ten-GigabitEthernet2/0/50] undo shutdown
[IRF-SW2-Ten-GigabitEthernet2/0/50] quit
[IRF-SW2] interface ten-gigabitethernet 2/0/51
[IRF-SW2-Ten-GigabitEthernet2/0/51] undo shutdown
[IRF-SW2-Ten-GigabitEthernet2/0/51] quit
[IRF-SW2] save

[IRF-SW1] irf-port-configuration active //激活 IRF

[IRF-SW2] irf-port-configuration active

激活 IRF 端口配置后两台设备间会进行 Master 竞选,竞选失败的一方将自动重启,重启完成后,IRF 形成,系统名称统一为 IRF-SW1。在做物理端口和 IRF 端口绑定时涉及 IRF 的虚拟端口有 Port1 和 Port2,一般要求设备的 Port1 连接另一台设备的 Port2 接口,所以在做物理接口绑定时,要考虑与哪个 IRF 接口相连,才能得出链形堆叠或环形堆叠。上面实现的方式就是链形堆叠,如下改动就得到了环形堆叠。

[IRF-SW1] irf-port 1/2
[IRF-SW1-irf-port 1/2] port group interface ten-gigabitethernet 1/0/50
[IRF-SW1] irf-port 1/1
[IRF-SW1-irf-port 1/1] port group interface ten-gigabitethernet 1/0/51

[IRF-SW2] irf-port 2/1
[IRF-SW2-irf-port 2/1] port group interface ten-gigabitethernet 2/0/50
[IRF-SW2] irf-port 2/2
[IRF-SW2-irf-port 2/2] port group interface ten-gigabitethernet 2/0/51

使用 HCL 中的 5800 系列交换机能够使用 IRF 的全部命令,并且模拟出 IRF 的效果,但是需要耐心及认真,中间要严格按照工作程序来做,否则就会出错。另外,在做 IRF 时最好是除了堆叠用的端口外的其他所有连接都断掉,等待 IRF 协商成功后再连接其他线缆。

4.2.4 IP 地址规划与实施

对于基于 IP 的网络来说,所有的设备都需要有相应的 IP 地址,在地址应用中还需要注意内网和外网的区分。根据 RFC1918 的规定,在 192.168.0.0/24,172.16.0.0/12,10.0.0.0/8 这 3 个段范围内的地址都不能在公网内使用。现在这个网络需要使用 10.0.0.0/23 来为公司总部和分部划分地址,尽管需求中已经把地址都规划出来,但是掌握其中的子网划分方法还是非常重要的。这里根据实际分配的地址进行设备地址配置。

在配置地址之前,最好把所有网段地址和接口信息反映在拓扑图中。RT1 的端口 IP 地址具体配置如下:

[RT1]inter g 0/0
[RT1-GigabitEthernet0/0]ip address 172.16.0.1 30
[RT1-GigabitEthernet0/0]quit
[RT1]inter g 0/1

[RT1-GigabitEthernet0/1]ip address 172.16.0.5 30
[RT1-GigabitEthernet0/1]quit
[RT1]inter s 2/0
[RT1-Serial2/0]ip address 202.0.1.1 30
[RT1-Serial2/0]quit
[RT1]inter s 3/0
[RT1-Serial3/0]ip address 202.0.2.1 30
[RT1-Serial3/0]quit
[RT1]inter loopback 0
[RT1-LoopBack0]ip address 9.9.9.1 32
[RT1-LoopBack0]quit

根据 RT1 的地址配置，可以很轻松把其他设备的地址给配置出来，这里面要注意在交换机上的 IP 地址配置。IRF-SW1 和 IRF-SW2 由于经过虚拟化成为一台 IRF-SW1，所处的位置跟 SW1 一样只是作为接入层的交换机，换句话说就是二层交换机的位置，所以这两个设备只能配置管理 IP 地址，不能像路由器 RT1、RT2 和 RT3 一样在接口设置 IP 地址。SW2 和 SW3 位于网络的核心层和汇聚层位置，这个结构形成典型的二层网络结构，在这个位置的网络设备担当网络的核心，要为网络提供高速转发和路由策略，管理着整个总部局域网络的路由地址。在这两个核心设备上需要使用交换机虚拟接口(SVI)配置 IP 地址，让局域网能够连接网络，而 SW2 和 SW3 与外网路由器 RT1 连接需要使用路由接口连接。具体配置如下：

[SW2]inter g 1/0/1
[SW2-GigabitEthernet1/0/1]port link-mode route
[SW2-GigabitEthernet1/0/1]ip address 172.16.0.2 30
[SW2-GigabitEthernet1/0/1]quit
[SW2]inter vlan 10
[SW2-Vlan-interface10]ip address 10.0.0.1 25
[SW2-Vlan-interface10]quit
[SW2]inter vlan 20
[SW2-Vlan-interface20]ip address 10.0.0.129 26
[SW2-Vlan-interface20]quit
[SW2]inter vlan 30
[SW2-Vlan-interface30]ip address 10.0.0.193 27
[SW2-Vlan-interface30]quit
[SW2]inter vlan 100
[SW2-Vlan-interface100]ip address 10.0.0.225 28
[SW2-Vlan-interface100]quit

```
[SW3]inter g 1/0/1
[SW3-GigabitEthernet1/0/1]port link-mode route
[SW3-GigabitEthernet1/0/1]ip address 172.16.0.6 30
[SW3-GigabitEthernet1/0/1]quit
[SW3]inter vlan 10
[SW3-Vlan-interface10]ip address 10.0.0.2 25
[SW3-Vlan-interface10]quit
[SW3]inter vlan 20
[SW3-Vlan-interface20]ip address 10.0.0.130 26
[SW3-Vlan-interface20]quit
[SW3]inter vlan 30
[SW3-Vlan-interface30]ip address 10.0.0.194 27
[SW3-Vlan-interface30]quit
[SW3]inter vlan 100
[SW3-Vlan-interface100]ip address 10.0.0.226 28
[SW3-Vlan-interface100]quit
```

在做三层交换机 SW2 和 SW3 的配置时一定要注意两个交换机都要实现创建局域网内的所有 VLAN,并且在做相应 VLAN 地址设置时,要注意 IP 地址不能相同,否则就出错了。另外,对于需求中所说的网关 IP 地址是在后续的虚拟网关冗余技术 VRRP 设置的虚拟路由的虚拟 IP 地址,尽管在实际设置时有 IP 地址拥有者的身份,建议在这时最好不要设置在任何一个实际交换机中,以免出现错误不好理解。

4.2.5 广域网链路可靠性

点对点协议(point to point protocol,PPP)为在点对点连接上传输多协议数据包提供了一个标准方法。PPP 最初设计是为两个对等节点之间的 IP 流量传输提供一种封装协议。在 TCP-IP 协议集中它是一种用来同步调制连接的数据链路层协议(OSI 模式中的第二层),替代了原来非标准的第二层协议,即 SLIP。除了 IP 以外 PPP 还可以携带其他协议,包括 DECnet 和 Novell 的 Internet 网包交换(IPX)。PPP 是为在同等单元之间传输数据包这样的简单链路设计的链路层协议。这种链路提供全双工操作,并按照顺序传递数据包。设计目的主要是用来通过拨号或专线方式建立点对点连接发送数据,使其成为各种主机、网桥和路由器之间简单连接的一种共通的解决方案。

PPP 协议提供两种认证方式:PAP 和 CHAP。

密码认证协议(password authentication protocol,PAP)是 PPP 协议集中的一种链路控制协议,主要是通过使用 2 次握手提供一种对等结点的建立认证的简单方法,这是建立在初始链路确定的基础上的。完成链路建立阶段之后,对等结点持续重复发送 ID/密码给验证者,直至认证得到响应或连接终止。对等结点控制尝试的时间和频度。所以即使是更高效的认证方法(如 CHAP),其实现都必须在 PAP 之前提供有效的协商机制。该认证方法适用于可以使用明文密码模仿登录远程主机的环境。在这种情况下,该方法提供了与常规用户登录远程主机相似的安全性。

CHAP 全称是 PPP 询问握手认证协议(challenge handshake authentication protocol)。该协议可通过 3 次握手周期性的校验对端的身份,可在初始链路建立时完成,在链路建立之后重复进行。通过递增改变的标识符和可变的询问值,可防止来自端点的重放攻击,限制暴露于单个攻击的时间。CHAP 认证过程:主认证方主动发起请求,向被认证方发送一个随机提出报文和本端的用户名;被认证方收到用户名查找自己用户表中与主认证相同的用户名所对应的密码。如果没找到则认证失败;如找到则把密码、本端用户名、先前的报文 ID 用 MD5 算法加密后的文件发回主认证方。主认证方收到报文后,根据报文中被认证的用户名,在自己的本地用户数据库中查找被认证方用户名对应的密码,利用报文 ID、该密码和 MD5 算法对原随机报文加密,然后将加密的结果和被认证方发来的加密结果进行比较。如果相同则通过认证,如果不通过则认证失败。双向认证其实可以认为是单向认证的叠加,互为主认证方和被认证方。

RT1 和 RT3 之间建立 PAP 单向认证,RT3 为主认证方,RT1 为被认证方。

[RT3]local-user admin class network
[RT3-luser-network-admin]password simple 123456
[RT3-luser-network-admin]service-type ppp
[RT3-luser-network-admin]quit
[RT3]inter s 2/0
[RT3-Serial2/0]link-protocol ppp
[RT3-Serial2/0]ppp authentication-mode pap
[RT3-Serial2/0]shutdown
[RT3-Serial2/0]undo shutdown

[RT1]inter s 3/0
[RT1-Serial3/0]link-protocol ppp
[RT1-Serial3/0]ppp pap local-user admin password simple 123456
[RT1-Serial3/0]shutdown
[RT1-Serial3/0]undo shutdown

在做单向认证时,需要通过链路的连通性来验证。在接口上做认证之前,务必要在 RT1 和 RT3 上做广域网链路的连通性测试,比如在 RT3 上使用 ping 命令:ping 202.0.1.1,这时能看到链路是连通的,如果这时不通,就需要检查物理链路及 IP 地址,查看是否有错误。在主认证方做基本认证时,需要做一个基本操作,把接口做管理性的关闭,然后再打开,这时再去做前面做的连通性测试,此时应该出现超时提示,无法连通。在被验证方做好 PAP 验证,再管理性地开关接口,之后再做连通性测试,如果所有配置都正确,这时广域网链路在经过验证后实现连通。

如果要做双向的 PAP 认证,只需要在 RT1 和 RT3 上互设主认证方与被认证方就可以了,所以对单向认证的理解是关键。

在 RT1 与 RT2 之间的广域网做单向 CHAP 认证,RT1 为主认证方,RT2 为被认证方。CHAP 认证需要在主认证和被认证方建立对方认证用的用户名和密码,RT1 建立对方的用户名 router2 和密码 123456,RT2 建立对方用户名 router1 和密码 123456。具体认证配置如下:

[RT1]local-user router2 class network
[RT1-luser-network-admin]password simple 123456
[RT1-luser-network-admin]service-type ppp
[RT1-luser-network-admin]quit
[RT1]inte s 2/0
[RT1-Serial2/0]ppp authentication-mode chap
[RT1-Serial2/0]ppp chap user router1
[RT1-Serial2/0]shutdown
[RT1-Serial2/0]undo shutdown

[RT2]local-user router1 class network
[RT2-luser-network-admin]password simple 123456
[RT2-luser-network-admin]service-type ppp
[RT2-luser-network-admin]quit
[RT2]inte s 2/0
[RT2-Serial2/0]ppp chap user router2
[RT2-Serial2/0]shutdown
[RT2-Serial2/0]undo shutdown

还可以使用另外一种比较好理解的单向 CHAP 认证,配置如下:

[RT1]local-user router2 class network
[RT1-luser-network-admin]password simple 123456
[RT1-luser-network-admin]service-type ppp
[RT1-luser-network-admin]quit
[RT1]inte s 2/0
[RT1-Serial2/0]ppp authentication-mode chap
[RT1-Serial2/0]shutdown
[RT1-Serial2/0]undo shutdown

[RT2]inte s 2/0
[RT2-Serial2/0]ppp chap user router2
[RT2-Serial2/0]ppp chap password simple 123456
[RT2-Serial2/0]shutdown
[RT2-Serial2/0]undo shutdown

PPP 认证在理解单向认证的基础上做双向认证时是比较容易的。

4.2.6 路由实施

路由是网络互联的核心。在企业网络应用中,静态路由实际应用是最普遍的,对于大型企业网络来说,在网络内部用得比较多的是 OSPF 动态路由。

静态路由是指由用户或网络管理员手工配置的路由信息。当网络的拓扑结构或链路的状态发生变化时,网络管理员需要手工去修改路由表中相关的静态路由信息。静态路由信息在缺省情况下是私有的,不会传递给其他的路由器。当然,网管员也可以通过对路由器进行设置使之成为共享的。静态路由一般适用于比较简单的网络环境,在这样的环境中,网络管理员易于清楚地了解网络的拓扑结构,便于设置正确的路由信息。

开放式最短路径优先(open shortest path first,OSPF)是一个内部网关协议(interior gateway protocol,IGP),用于在单一自治系统(autonomous system,AS)内决策路由。它是对链路状态路由协议的一种实现,隶属内部网关协议(IGP),故运作于自治系统内部。著名的迪克斯加算法(Dijkstra)被用来计算最短路径树。OSPF 分为 OSPFv2 和 OSPFv3 两个版本,其中 OSPFv2 用在 IPv4 网络,OSPFv3 用在 IPv6 网络。OSPFv2 是由 RFC 2328 定义的,OSPFv3 是由 RFC 5340 定义的。OSPF 路由协议是一种典型的链路状态(Link-state)的路由协议,一般用于同一个路由域内。在这里,路由域是指一个自治系统,即 AS,它是指一组通过统一的路由政策或路由协议互相交换路由信息的网络。在这个 AS 中,所有的 OSPF 路由器都维护一个相同的描述这个 AS 结构的数据库,该数据库中存放的是路由域中相应链路的状态信息,OSPF 路由器正是通过这个数据库计算出其 OSPF 路由表的。作为一种链路状态的路由协议,OSPF 将链路状态组播数据(link state advertisement,LSA)传送给在某一区域内的所有路由器,这一点与距离矢量路由协议不同。运行距离矢量路由协议的路由器是将部分或全部的路由表传递给与其相邻的路由器。

现在要在企业网络内实现所有网段互联需要在 SW2、SW3 和 RT1 上使用 OSPF 路由协议。总部网络具体配置如下:

[RT1]ospf 1 router-id 9.9.9.1
[RT1-ospf-1]arearea 0
[RT1-ospf-1]spf-schedule-interval 5 100 200   //SPF 计算机时间间隔,第 1 个参数表示最大间隔,第 2 个参数表示最小间隔,第 3 个参数表示增加步长值

[RT1-ospf-1-area-0.0.0.0]net 9.9.9.1 0.0.0.0
[RT1-ospf-1-area-0.0.0.0]net 172.16.0.0 0.0.0.3
[RT1-ospf-1-area-0.0.0.0]net 172.16.0.4 0.0.0.3

[SW2]ospf 1 router-id 9.9.9.2
[SW2-ospf-1]arearea 0
[SW2-ospf-1]spf-schedule-interval 5 100 200
[SW2-ospf-1-area-0.0.0.0]net 172.16.0.0 0.0.0.3
[SW2-ospf-1-area-0.0.0.0]net 9.9.9.2 0.0.0.0

[SW2-ospf-1-area-0.0.0.0]net 10.0.0.0 0.0.0.127
[SW2-ospf-1-area-0.0.0.0]net 10.0.0.128 0.0.0.63
[SW2-ospf-1-area-0.0.0.0]net 10.0.0.192 0.0.0.31
[SW2-ospf-1-area-0.0.0.0]net 10.0.0.224 0.0.0.15
[SW2-ospf-1-area-0.0.0.0]net 10.0.1.0 0.0.0.31

[SW3]ospf 1 router-id 9.9.9.3
[SW3-ospf-1]arearea 0
[SW3-ospf-1]spf-schedule-interval 5 100 200
[SW3-ospf-1-area-0.0.0.0]net 172.16.0.4 0.0.0.3
[SW3-ospf-1-area-0.0.0.0]net 9.9.9.3 0.0.0.0
[SW3-ospf-1-area-0.0.0.0]net 10.0.0.0 0.0.0.127
[SW3-ospf-1-area-0.0.0.0]net 10.0.0.128 0.0.0.63
[SW3-ospf-1-area-0.0.0.0]net 10.0.0.192 0.0.0.31
[SW3-ospf-1-area-0.0.0.0]net 10.0.0.224 0.0.0.15
[SW3-ospf-1-area-0.0.0.0]net 10.0.1.0 0.0.0.31

  为了让OSPF路由加速手连,可以对所有运行OSPF协议的设备进行优化,配置OSPF Hello报文需要在相应接口上设置。

[RT1]inter g0/0
[RT1-GigabitEthernet0/0]ospf timer hello 1
[RT1]inter g0/1
[RT1-GigabitEthernet0/0]ospf timer hello 1

[SW2]inter g 1/0/1
[SW2-GigabitEthernet1/0/1]ospf timer hello 1
[SW2]inter vlan 10
[SW2-Vlan-interface10]ospf timer hello 1
[SW2]inter vlan 20
[SW2-Vlan-interface20]ospf timer hello 1
[SW2]inter vlan 30
[SW2-Vlan-interface30]ospf timer hello 1
[SW2]inter vlan 100
[SW2-Vlan-interface100]ospf timer hello 1
[SW2]inter vlan 400
[SW2-Vlan-interface400]ospf timer hello 1
[SW2]inter vlan 500
[SW2-Vlan-interface500]ospf timer hello 1

```
[SW3]inter g 1/0/1
[SW3-GigabitEthernet1/0/1]ospf timer hello 1
[SW3]inter vlan 10
[SW3-Vlan-interface10]ospf timer hello 1
[SW3]inter vlan 20
[SW3-Vlan-interface20]ospf timer hello 1
[SW3]inter vlan 30
[SW3-Vlan-interface30]ospf timer hello 1
[SW3]inter vlan 100
[SW3-Vlan-interface100]ospf timer hello 1
[SW3]inter vlan 400
[SW3-Vlan-interface400]ospf timer hello 1
[SW3]inter vlan 500
[SW3-Vlan-interface500]ospf timer hello 1
```

总部内部使用 OSPF 路由,而总部的路由器通过广域网与分支机构和合作伙伴联系需要使用静态路由,分支机构根据网络的形态使用静态路由与外网互联。

```
[RT2] ip route-static 10.0.0.0 23 202.0.1.1    //总部的网络都是由 10.0.0.0/23 网络划
                                                 分出来的
[RT1] ip route-static 10.0.1.0 27 202.0.1.2
[RT1]ospf 1 router-id 9.9.9.1
[RT1-ospf-1] import-route static    //把 RT1 上去往外网的静态路由引入 OSPF 路由协议中
```

4.2.7　VLAN,STP 与 VRRP 实施

　　VLAN(virtual local area network)的中文名为"虚拟局域网"。虚拟局域网是一组逻辑上的设备和用户,这些设备和用户并不受物理位置的限制,可以根据功能、部门及应用等因素将它们组织起来,相互之间的通信就好像它们在同一个网段中一样,由此得名虚拟局域网。VLAN 是一种比较新的技术,工作在 OSI 参考模型的第 2 层和第 3 层,一个 VLAN 就是一个广播域,VLAN 之间的通信是通过第 3 层的路由器来完成的。与传统的局域网技术相比较,VLAN 技术更加灵活,它具有以下优点:网络设备的移动、添加和修改的管理开销减少;可以控制广播活动;可提高网络的安全性。在计算机网络中,一个二层网络可以被划分为多个不同的广播域,一个广播域对应了一个特定的用户组,默认情况下这些不同的广播域是相互隔离的。不同的广播域之间想要通信,需要通过一个或多个路由器。这样的一个广播域就称为 VLAN。

　　MSTP 是 IEEE 802.1s 中提出的一种 STP 和 VLAN 结合使用的新协议,它既继承了 RSTP 端口快速迁移的优点,又解决了 RSTP 中不同 VLAN 必须运行在同一棵生成树上的问题。IEEE 802.1s 标准中的多生成树(multiple spanning tree,MST)技术把 IEEE 802.1w 快速单生成树(RST)算法扩展到多生成树,这为虚拟局域网(VLANs)环境提供了快速

收敛和负载均衡的功能,是 IEEE 802.1 VLAN 标记协议的扩展协议。

IEEE802.1s 引入了 IST(internal spanning tree,内部生成树)概念和 MST 实例。

IST 是 MST 区域中的一个生成树实例。在每个 MST 区域内部,MST 维护着多个生成树实例。实例 0 是一个特殊的实例(其实可以与 VLAN 1 类比,VLAN 1 是交换机默认的管理 VLAN,也是交换机默认的本地 VLAN),那就是此处所说的 IST。所有其他 MST 实例号只能在 1～4 094 之间,也可以把 IST 看成是每个 MST 区域的外在表现。默认情况下,所有 VLAN 是分配到 IST 实例中的。

IST 是仅发送和接收 BPDU 的生成树实例,所有其他生成树实例信息是包含在 MST 记录(MSTP record,又称"M 记录")中,是用 MST BPDU 进行封装的。因为 MST BPDU 携带了所有实例信息,这样在支持多个生成树实例时所需要处理的 BPDU 数量就会大大减少。

在同一个 MST 区域中的所有 MST 实例共享相同的协议计时器,但是每个 MST 实例有它们自己的拓扑结构参数,例如根网桥 ID、根路径开销等。但是,一个 MST 实例是与所在区域相关的,例如,区域 A 中的 MST 实例 1 与在区域 B 中的 MST 实例 1 是无关的,即使区域 A 和区域 B 是互联的。

MST 实例(MSTI)是一种仅存在于区域内部的 RSTP 实例。它可以默认运行 RSTP,无须额外配置。不同于 IST 的是,MSTI 在区域外既不与 BPDU 交互,也不发送 BPDU。MST 可以与传统的 PVST+交换机互操作。思科实施定义了 16 种实例:一个 IST(实例 0)和 15 个 MSTI,而 IEEE 802.1s 则支持一个 IST 和 63 个 MSTI。

RSTP 和 MSTP 都能够与传统生成树协议互操作。但是,当与传统网桥交互时,IEEE 802.1w 的快速融合优势就会失去。为保留与基于 IEEE 802.1d 网桥的向后兼容性,IEEE 802.1s 协议网桥在其端口上接听 IEEE 802.1d 格式的 BPDU(网桥协议数据单元)。如果收到了 IEEE 802.1d BPDU,端口会采用标准 IEEE 802.1d 行为,以确保兼容性。

采用 MST 技术后,可以通过干道(trunks)建立多个生成树,关联 VLANs 到相关的生成树进程,而且每个生成树进程具有独立于其他进程的拓扑结构。MST 还提供了多个数据转发路径和负载均衡,提高了网络容错能力,因为一个进程(转发路径)的故障不会影响其他进程(转发路径)。

每台运行 MST 的交换机都拥有单一配置,包括一个字母数字式配置名、一个配置修订号和一个 4096 部件表,与潜在支持某个实例的各 4096 VLAN 相关联。作为公共 MST 区域的一部分,一组交换机必须共享相同的配置属性。重要的是要记住,配置属性不同的交换机会被视为位于不同的区域。

虚拟路由冗余协议(virtual router redundancy protocol,VRRP)是由 IETF 提出的解决局域网中配置静态网关出现单点失效现象的路由协议,1998 年已推出正式的 RFC2338 协议标准。VRRP 广泛应用在边缘网络中,它的设计目标是支持特定情况下 IP 数据流量失败转移不会引起混乱,允许主机使用单路由器,以及及时在实际第一跳路由器使用失败的情形下仍能够维护路由器间的连通性。

VRRP 是一种路由容错协议,也可以叫作备份路由协议。一个局域网络内的所有主机都设置缺省路由,当网内主机发出的目的地址不在本网段时,报文将被通过缺省路由发往外部路由器,从而实现了主机与外部网络的通信。当缺省路由器 down 掉(端口关闭)之后,内部主机将无法与外部通信,如果路由器设置了 VRRP 时,虚拟路由将启用备份路由器,从而实现全网通信。

　　交换机上的 VLAN 设置是交换机的基本操作,要实现终端的广播域隔离,需要把端口加入 VLAN 中。另外,在交换机互联的接口上要使用 Trunk 设置,让链路在传输数据帧时打上 802.1Q 标签,在所有交换机上都要做相同或者类似的配置。由于虚拟化 IRF 完成以后,IRF-SW1 和 IRF-SW2 虚拟成为一台交换机,需要在与 SW2 连接的链路上设置端口聚合,把两条物理链路虚拟成为一条逻辑链路,否则会出现环路,具体配置如下:

[SW1]vlan 10
[SW1-vlan10]quit
[SW1]vlan 20
[SW1-vlan20]quit
[SW1]vlan 30
[SW1-vlan30]quit
[SW1]vlan 100
[SW1-vlan100]quit
[SW1]inter g 1/0/1
[SW1-GigabitEthernet1/0/1]port link-type trunk
[SW1-GigabitEthernet1/0/1]port trunk permit vlan 10 20 30 100
[SW1]inter g 1/0/2
[SW1-GigabitEthernet1/0/2]port link-type trunk
[SW1-GigabitEthernet1/0/2]port trunk permit vlan 10 20 30 100

[SW2]vlan 10
[SW2-vlan10]quit
[SW2]vlan 20
[SW2-vlan20]quit
[SW2]vlan 30
[SW2-vlan30]quit
[SW2]vlan 100
[SW2-vlan100]quit
[SW2]vlan 400
[SW2-vlan400]quit
[SW2]vlan 500
[SW2-vlan500]quit
[SW2]inter g 1/0/2
[SW2-GigabitEthernet1/0/2]port link-type trunk
[SW2-GigabitEthernet1/0/2]port trunk permit vlan 10 20 30 100
[SW2]inter g 1/0/3

[SW2-GigabitEthernet1/0/3]port link-type trunk
[SW2-GigabitEthernet1/0/3]port trunk permit vlan 10 20 30 100
[SW2]inter g 1/0/23
[SW2-GigabitEthernet1/0/23]port link-type trunk
[SW2-GigabitEthernet1/0/23]port trunk permit vlan 400 500
[SW2]inter g 1/0/24
[SW2-GigabitEthernet1/0/24]port link-type trunk
[SW2-GigabitEthernet1/0/24]port trunk permit vlan 400 500

[SW3]vlan 10
[SW3-vlan10]quit
[SW3]vlan 20
[SW3-vlan20]quit
[SW3]vlan 30
[SW3-vlan30]quit
[SW3]vlan 100
[SW3-vlan100]quit
[SW3]inter g 1/0/2
[SW3-GigabitEthernet1/0/2]port link-type trunk
[SW3-GigabitEthernet1/0/2]port trunk permit vlan 10 20 30 100
[SW3]inter g 1/0/3
[SW3-GigabitEthernet1/0/3]port link-type trunk
[SW3-GigabitEthernet1/0/3]port trunk permit vlan 10 20 30 100

[IRF-SW1]inter g 1/0/23
[IRF-SW1-GigabitEthernet1/0/23]port link-type trunk
[IRF-SW1-GigabitEthernet1/0/23]port trunk permit vlan 400 500
[IRF-SW1]inter g 2/0/24
[IRF-SW1-GigabitEthernet2/0/24]port link-type trunk
[IRF-SW1-GigabitEthernet2/0/24]port trunk permit vlan 400 500

  由于网络拓扑中存在环路,需要在SW1,SW2和SW3交换机上使用STP来解决。鉴于STP在设计上的缺陷,为了让流量充分利用根桥的变化实现负载均衡,因此使用多实例生成树技术MSTP。这里根据企业各部门的流量特点,市场部人员最多,而销售部最少,另外需要把两台服务器的流量平分。这样就把VLAN10,VLAN100,VLAN400划入一个MSTP实例组,其他所有VLAN划入另外一个实例组中,并且分别使用SW2和SW3作为两个实例组的根桥,另外一个分别作为次根桥,实现逻辑的无环结构和物理互补链路。具体配置如下:

[SW2] stp enable
[SW2] stp mode mstp
[SW2]stp region-configuration
[SW2-mst-region]region-name h3c   //mstp 域名
[SW2-mst-region]instance 1 vlan 10 100   //把 vlan10 100 的流量映射到 instance1
[SW2-mst-region]instance 2 vlan 20 30   //把 vlan20 30 的流量映射到 instance2
[SW2-mst-region] active region-configuration   //手动激活 MST 域
[SW2-mst-region] quit
[SW2] stp instance 1 root primary   //强制为主根桥
[SW2] stp instance 2 root secondary   //强制为次根桥

[SW3] stp enable
[SW3] stp mode mstp
[SW3]stp region-configuration
[SW3-mst-region]region-name h3c   //mstp 域名
[SW3-mst-region]instance 1 vlan 10 100   //把 vlan10 100 的流量映射到 instance1
[SW3-mst-region]instance 2 vlan 20 30   //把 vlan20 30 的流量映射到 instance2
[SW3-mst-region] active region-configuration   //手动激活 MST 域
[SW3-mst-region] quit
[SW3] stp instance 1 root secondary   //强制为次根桥
[SW3] stp instance 2 root primary   //强制为主根桥

[SW1] stp enable
[SW1] stp mode mstp
[SW1]stp region-configuration
[SW1-mst-region]region-name h3c   //mstp 域名
[SW1-mst-region]instance 1 vlan 10 100   //把 vlan10 100 的流量映射到 instance1
[SW1-mst-region]instance 2 vlan 20 30   //把 vlan20 30 的流量映射到 instance2
[SW1-mst-region] active region-configuration   //手动激活 MST 域
[SW1-mst-region] quit

为了网络能够有良好的稳定性，防止一台核心网络出口设备故障导致接入层设备无法解析网关而不能上网的情况，通常使用 VRRP 技术进行网关虚拟化，使多台物理网关设备虚拟化成一台网关。在当前需求里 SW2 和 SW3 就起到这样的作用，为所有 VLAN 提供虚拟网关冗余，这里虚拟网关地址就为表 4-5 所示网关 IP 地址。具体配置如下：

[SW2]interface vlan 10
[SW2-Vlan-interface10]vrrp vrid 10 virtual-ip 10.0.0.126
[SW2-Vlan-interface10]vrrp vrid 10 priority 120

```
[SW2]interface vlan 100
[SW2-Vlan-interface100]vrrp vrid 100 virtual-ip 10.0.0.238
[SW2-Vlan-interface100]vrrp vrid 100 priority 120
[SW2]interface vlan 20
[SW2-Vlan-interface20]vrrp vrid 20 virtual-ip 10.0.0.190
[SW2]interface vlan 30
[SW2-Vlan-interface30]vrrp vrid 30 virtual-ip 10.0.0.222

[SW3]interface vlan 10
[SW3-Vlan-interface10]vrrp vrid 10 virtual-ip 10.0.0.126
[SW3]interface vlan 100
[SW3-Vlan-interface100]vrrp vrid 100 virtual-ip 10.0.0.238
[SW3]interface vlan 20
[SW3-Vlan-interface20]vrrp vrid 20 virtual-ip 10.0.0.190
[SW3-Vlan-interface20]vrrp vrid 20 priority 120
[SW3]interface vlan 30
[SW3-Vlan-interface30]vrrp vrid 30 virtual-ip 10.0.0.222
[SW3-Vlan-interface30]vrrp vrid 30 priority 120
```

在上面的VRRP的配置中，VLAN10和VLAN100通过优先级的设置进行VRRP选举，主路由设备为SW2，流量经过上行传输到RT1后转发。当SW2出现故障时，这3个VLAN的流量经由SW3转发，故障恢复以后再由SW2转发。这里面有优先级和主用路由器抢占的功能，默认情况下，运行VRRP的路由器的优先级默认值是100，默认开启了抢占功能，使得优先级高的路由器在故障恢复以后得以抢回主路由器的地位。

为了使网络流量能够均衡地应用在两台核心设备上转发，VLAN20和VLAN30使用SW3作为VRRP的主用路由器。

4.2.8 内外网互访

NAT(network address translation，网络地址转换)是1994年提出的。当在专用网内部的一些主机本来已经分配到了本地IP地址(仅在本专用网内使用的专用地址)，但现在又想和因特网上的主机通信(并不需要加密)时，可使用NAT方法。这种方法需要在专用网连接到因特网的路由器上安装NAT软件。装有NAT软件的路由器叫作NAT路由器，它至少有一个有效的外部全球IP地址。这样，所有使用本地地址的主机在和外界通信时，都要在NAT路由器上将其本地地址转换成全球IP地址，才能和因特网连接。另外，这种通过使用少量的公有IP地址代表较多的私有IP地址的方式，将有助于减缓可用的IP地址空间的枯竭。在RFC 1632中有对NAT的说明。

内网地址如果不做公网地址转换，封装有内网地址的数据包达到运营商网络就会被丢弃掉，因此企业用户需要向运营商申请公网IP地址，作为内网转换的公网地址池，或者使用复用外网连接接口技术实现 NAT,而有时为了让内网的服务器让外网用户能够访问到,一般采用服务器内网 IP 与公网 IP 一对一映射的方式实现。具体配置如下:

[RT1]acl basic 2000
[RT1-acl-ipv4-basic-2000]rule 0 permit source 10.0.0.0 0.0.0.255
[RT1]nat address-group 1
[RT1-address-group-1]address 202.0.1.1 202.0.1.1
[RT1]inter s 3/0
[RT1-Serial3/0]nat outband 2000 address-group 1   //总部网络 NAT 从合作伙伴访问外网
[RT1]nat static outbound 10.0.1.100 100.0.0.1   //根据表 4-7 设置公网地址
[RT1]nat static outbound 10.0.1.200 100.0.0.2
[RT1]inter s 3/0
[RT1-Serial3/0]nat static enable   //服务器静态 NAT 转换

[RT3]acl basic 2000
[RT3-acl-ipv4-basic-2000]rule 0 permit source any
[RT3]interface Serial2/0
[RT3-Serial2/0] nat outbound 2000   //Easy IP

NAT 的基本设置完毕,需要有总部路由器 RT1 与合作伙伴路由器 RT3 之间的路由,一般使用默认路由实现。

[RT1]ip route-static 0.0.0.0 0.0.0.0 202.0.2.2
[RT3]ip route-static 10.0.0.0 255.255.255.0 202.0.2.1//模拟广域网情况下使用静态路由,防止环路

▶ 4.2.9　IPSec VPN

IPSec VPN 即指采用 IPSec 协议来实现远程接入的一种 VPN 技术。

虚拟专用网络(virtual private network,VPN)指的是在公用网络上建立专用网络的技术。其之所以称为虚拟网,主要是因为整个 VPN 网络的任意两个节点之间的连接并没有传统专网所需的端到端的物理链路,而是架构在公用网络服务商所提供的网络平台,如 Internet、ATM(异步传输模式)、Frame Relay(帧中继)等之上的逻辑网络,用户数据在逻辑链路中传输。

IPSec 全称为 internet protocol security,是由国际互联网工程任务组(internet engineering task force,IETF)定义的安全标准框架,用以提供公用和专用网络的端对端加密和验证服务。IPSec 协议是一个标准的第三层安全协议,它是在隧道外面再封装,保证了在传输过程中的安全。IPSec 的主要特征在于它可以对所有 IP 级的通信进行加密。

在 RT1 与 RT2 之间做 IPSec VPN 关键就是要做两边局域网的对称访问,具体配置

如下：

[RT1] ip route-static 10.0.1.0 27 202.0.1.2　　//定义流量访问路由
[RT1]acl advanced 3000　　//定义VPN安全流量
[RT1-acl-ipv4-adv-3000] rule permit ip source 10.0.0.0 0.0.0.255 destination 10.0.1.0 0.0.0.31
[RT1]ipsec transform-set trans1　　//定义数据封装加密、认证方式
[RT1-ipsec-transform-set-trans1] esp encryption-algorithm des-cbc
[RT1-ipsec-transform-set-trans1] esp authentication-algorithm md5
[RT1-ipsec-transform-set-trans1]quit
[RT1]ike keychain 1　　//定义加密用的钥匙链和预共享密钥
[RT1-ike-keychain-1] pre-shared-key address 202.0.1.2 255.255.255.255 key simple 123456
[RT1-ike-keychain-1]quit
[RT1]ipsec policy policy1 1 isakmp　　//定义安全策略,使用IKE框架,关联安全流量,设置隧道
[RT1-ipsec-policy-isakmp-policy1-1] transform-set trans1
[RT1-ipsec-policy-isakmp-policy1-1] security acl 3000
[RT1-ipsec-policy-isakmp-policy1-1] local-address 202.0.1.1
[RT1-ipsec-policy-isakmp-policy1-1] remote-address 202.0.1.2
[RT1-ipsec-policy-isakmp-policy1-1] ike-profile 1
[RT1]interface Serial2/0　　//安全策略应用在外网接口上
[RT1-Serial2/0]ipsec apply policy policy1

[RT2] ip route-static 0.0.0.0 0.0.0.0 202.0.1.1　　//定义流量访问路由
[RT2]acl advanced 3000　　//定义VPN安全流量
[RT2-acl-ipv4-adv-3000] rule permit ip source 10.0.1.0 0.0.0.31 destination 10.0.0.0 0.0.0.255
[RT2]ipsec transform-set trans1　　//定义数据封装加密、认证方式
[RT2-ipsec-transform-set-trans1] esp encryption-algorithm des-cbc
[RT2-ipsec-transform-set-trans1] esp authentication-algorithm md5
[RT2-ipsec-transform-set-trans1]quit
[RT2]ike keychain 1　　//定义加密用的钥匙链和预共享密钥
[RT2-ike-keychain-1] pre-shared-key address 202.0.1.1 255.255.255.255 key simple 123456
[RT2-ike-keychain-1]quit
[RT2]ipsec policy policy1 1 isakmp　　//定义安全策略,使用IKE框架,关联安全流量,设置隧道
[RT2-ipsec-policy-isakmp-policy1-1] transform-set trans1

[RT2-ipsec-policy-isakmp-policy1-1] security acl 3000
[RT2-ipsec-policy-isakmp-policy1-1] local-address 202.0.1.2
[RT2-ipsec-policy-isakmp-policy1-1] remote-address 202.0.1.1
[RT2-ipsec-policy-isakmp-policy1-1] ike-profile 1
[RT2]interface Serial2/0   //安全策略应用在外网接口上
[RT2-Serial2/0]ipsec apply policy policy1

▶ 4.2.10　网络高可靠性

链路聚合(link aggregation)，是指将多个物理端口捆绑在一起，成为一个逻辑端口，以实现出/入流量在各成员端口中的负荷分担。交换机根据用户配置的端口负荷分担策略决定报文从哪一个成员端口发送到对端的交换机。当交换机检测到其中一个成员端口的链路发生故障时，就停止在此端口上发送报文，并根据负荷分担策略在剩下链路中重新计算报文发送的端口，故障端口恢复后重新计算报文发送端口。链路聚合在增加链路带宽、实现链路传输弹性和冗余等方面是一项很重要的技术。如果聚合的每个链路都遵循不同的物理路径，则聚合链路也提供冗余和容错。通过聚合调制解调器链路或者数字线路，链路聚合可用于改善对公共网络的访问。链路聚合也可用于企业网络，以便在吉比特以太网交换机之间构建多吉比特的主干链路。

现在数据中心交换机 IRF-SW1 与 SW2 中间启用动态链路聚合，实现链路备份及避免环路。具体配置如下：

[SW2]interface Bridge-Aggregation 1   //端口聚合组
[SW2-Bridge-Aggregation1] port link-type trunk
[SW2-Bridge-Aggregation1] port trunk permit vlan 10 20 30 100 400 500
[SW2-Bridge-Aggregation1] link-aggregation mode dynamic   //设置动态聚合
[SW2]interface g 1/0/23
[SW2-GigabitEthernet1/0/23]port link-aggregation group 1   //加入端口聚合组中
[SW2]interface g 1/0/24
[SW2-GigabitEthernet1/0/24]port link-aggregation group 1

[IRF-SW1]interface Bridge-Aggregation 1   //端口聚合组
[IRF-SW1-Bridge-Aggregation1] port link-type trunk
[IRF-SW1-Bridge-Aggregation1] port trunk permit vlan 400 500
[IRF-SW1-Bridge-Aggregation1] link-aggregation mode dynamic //设置动态聚合
[IRF-SW1]interface g 1/0/23
[IRF-SW1-GigabitEthernet1/0/23]port link-aggregation group 1 //加入端口聚合组中
[IRF-SW1]interface g 2/0/24
[IRF-SW1-GigabitEthernet2/0/24]port link-aggregation group 1

　　DLDP(device link detection protocol，设备连接检测协议)可以监控光纤或铜质双绞线

(例如,超五类双绞线)的链路状态。如果发现单向链路存在,DLDP 会根据用户配置,自动关闭或通知用户手工关闭相关端口,以防止网络问题的发生。

要求在数据中心交换机 IRF-SW1 与 SW2 中间启用 DLDP 功能,具体配置如下:

[SW2]dldp global enable　　　　　　//全局开启 DLDP 功能
[SW2]interface g 1/0/23　　　　　　//交换机互联端口开启 DLDP
[SW2-GigabitEthernet1/0/23]dldp enable
[SW2]interface g 1/0/24　　　　　　//交换机互联端口开启 DLDP
[SW2-GigabitEthernet1/0/24]dldp enable

[IRF-SW1]dldp global enable　　　　//全局开启 DLDP 功能
[IRF-SW1]interface g 1/0/23　　　　//交换机互联端口开启 DLDP
[IRF-SW1-GigabitEthernet1/0/23]dldp enable
[IRF-SW1]interface g 2/0/24　　　　//交换机互联端口开启 DLDP
[IRF-SW1-GigabitEthernet2/0/24]dldp enable

BFD 是 bidirectional forwarding detection 的缩写,它是一个用于检测两个转发点之间故障的网络协议,在 RFC 5880 中有详细的描述。BFD 是一种双向转发检测机制,可以提供毫秒级的检测,可以实现链路的快速检测。BFD 通过与上层路由协议联动,可以实现路由的快速收敛,确保业务的永续性。BFD Echo 报文采用 UDP 封装,目的端口号为 3785,源端口号在 49152 到 65535 的范围内。目的 IP 地址为发送接口的地址,源 IP 地址由配置产生(配置的源 IP 地址要避免产生 ICMP 重定向)。

VRRP 工作在负载均衡模式下,优先级高的虚拟转发器(AVF)负责转发目的 MAC 地址为虚拟转发器 MAC 地址的流量。当 AVF 连接的上行链路出现故障时,如果不能及时通知 LVF 接替其工作,局域网中以此虚拟转发器 MAC 地址为网关 MAC 地址的主机将无法访问外部网络。虚拟转发器的监视功能就是为了解决上述问题所设计的。

使用 VRRP 监视与 BFD 联动监视链路配置如下:

[SW2]bfd echo-source-ip 1.2.3.4
[SW2]track 1 bfd echo interface GigabitEthernet 1/0/1 remote ip 172.16.0.1 local ip 172.16.0.2
[SW2]interface vlan 10
[SW2-Vlan-interface10] vrrp vrid 10 track 1 weight reduced 30
[SW2]interface vlan 100
[SW2-Vlan-interface100] vrrp vrid 100 track 1 weight reduced 30
[SW2]bfd echo-source-ip 1.2.3.4
[SW2]track 1 bfd echo interface GigabitEthernet 1/0/1 remote ip 172.16.0.5 local ip 172.16.0.6
[SW3]interface vlan 20
[SW3-Vlan-interface20] vrrp vrid 20 track 1 weight reduced 30

[SW3]interface vlan 30
[SW3-Vlan-interface30] vrrp vrid 30 track 1 weight reduced 30

4.2.11 网络安全访问设置

在企业网络互联的状态下，网络工程师需要对网络进行远程操控，这就需要在网络设备上开启远程服务。为了能够让设备安全地被访问，需要做一些安全设置，另外，很多企业都使用 SNMP 协议来监控网络设备，需要在网络设备上启用 SNMP 协议。

对于网络设备的远程安全访问，需要在虚拟访问模式下做访问控制。不管是路由器还是交换机基本配置都是一样的，只需要做好一个设备的配置就可以根据需求实施到所有网络设备上，下面以 SW1 为例，具体配置如下：

[SW1]acl basic 2000
[SW1-acl-ipv4-basic-2000]rule 0 permit source 10.0.0.224 0.0.0.15
[SW1]telnet server enable
[SW1]telnet server acl 2000   //与 acl 里的网段关联，这里是全局性的管理
[SW1]line vty 0 15
[SW1-line-vty0-15]authentication-mode scheme   //定义使用本地用户名密码方式连入
[SW1]local-user admin class manager
[SW1-luser-manage-admin]authorization-attribute acl 2000   //这里也能针对用户做安全控制
[SW1-luser-manage-admin]password simple 000000
[SW1-luser-manage-admin]authorization-attribute user-role network-admin   //授权管理员角色
[SW1-luser-manage-admin]service-type telnet   //只允许 telnet 服务连入

4.2.12 企业网络应用测试

网络需求是否完成，需要做功能测试，在 HCL 里有很好的 PC 机的模拟。

在安装 HCL 的时候会附带安装开源免费的 VirtualBox 虚拟机软件，我们可以充分利用这个软件来进行主机的模拟。HCL 里的 PC 机图标，内置了两种基本的主机联机模式，使用 VirtualBox 的主机模式网卡和本地 PC 机的物理网卡。

4.3 Packet Tracer 仿真企业 VOIP 和 IPSec VPN

VOIP(voice over internet protocol，网络电话)简而言之就是将模拟信号(voice)数字化，以数据封包(data packet)的形式在 IP 网络(IP network)上做实时传递。VOIP 最大的优势是能广泛地采用 Internet 和全球 IP 互联的环境，提供比传统业务更多、更好的服务。VOIP 可以在 IP 网络上便宜地传送语音、传真、视频和数据等业务，如统一消息业务、虚拟电话、虚拟语音/传真邮箱、查号业务、Internet 呼叫中心、Internet 呼叫管理、电话视频会议、

电子商务、传真存储转发和各种信息的存储转发等。

思科的 Packet Tracer 能够为 VOIP 的实现提供很好的仿真,并且在很多方面有很好的支持,比如 IPSec VPN 后续在 Packet Tracer 上进行网络仿真应用。

4.3.1 VOIP 需求

某公司于 2015 年在北京成立,业务扩大促使其在广州建立分部,公司网络工程师整体规划公司总部和分部的网络,总公司地址段用了 192.168.1.0/24 网段,分部使用 192.168.2.0/24 网段,其间向运营商申请了专线,地址如图 4-7 所示,总部地址为 100.1.1.1/30,分部地址为 100.1.1.10/30。现在为了让公司省下电话费,需要为公司搭建 VOIP 电话。总部电话号码为 1111,2222,分部电话为 3333,4444,分别使用模拟电话和 IP 专用电话的方式连接。另外,需要网络工程师能够搭建公司的总部与分部的 VPN,使用 IPSec 来保障 VPN 的安全。

4.3.2 基础 VOIP 网络拓扑

使用 Packet Tracer 能够很容易构建仿真拓扑,如图 4-7 所示。

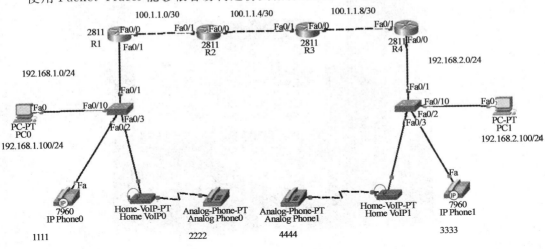

图 4-7 VOIP 仿真

在构建拓扑图时,Packet Tracer 为我们准备了两类电话,一个是专用的 IP Phone,如图 4-8 所示,在使用时需要把电源适配器插接到电源插孔里,加点后如图 4-9 所示,可以进行拨号使用。

另外一个是模拟电话,如图 4-10 所示。这个电话要使用 VOIP 的话必须配合一个 VOIP 语音网关的设备。在拓扑图连接时,模拟电话与 Home-VOIP 连接要用 Packet Tracer 中的连线 connections 中的 Phone 连线来连接。之后再使用直通网线连接 Home-VOIP 与交换机。

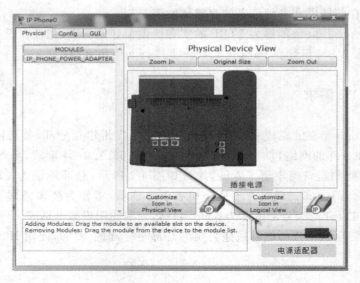

图 4-8 IP Phone 背面

图 4-9 IP Phone 正面

图 4-10 模拟电话 VOIP 网关 Home-VOIP

4.3.3 网络基础配置

网络使用 4 个路由器串行来模拟广域网,这些路由器必须支持语言传输,选择型号为 2811,在广域网环境使用 OSPF 路由保证网络连通。网络拓扑的基本参数见表 4-12。

表 4-12 网络设备端口基本参数

设备	端口	IP	NetMask
R1	fastethernet 0/0	10.0.0.1	255.255.255.252
	fastethernet 0/1	192.168.1.1	255.255.255.0
R2	fastethernet 0/1	10.0.0.2	255.255.255.252
	fastethernet 0/0	10.0.0.5	255.255.255.252
R3	fastethernet 0/1	10.0.0.6	255.255.255.252
	fastethernet 0/0	10.0.0.9	255.255.255.252
R4	fastethernet 0/1	10.0.0.10	255.255.255.252
	fastethernet 0/0	192.168.2.1	255.255.255.0

根据网络基础参数,进行网络基础配置,具体配置如下:

R1(config)#host R1
R1(config)#inter fastethernet 0/0
R1(config-if)#ip address 100.1.1.1 255.255.255.252
R1(config-if)#no shut
R1(config-if)#exit
R1(config)#inter fastethernet 0/1
R1(config-if)#ip address 192.168.1.1 255.255.255.0
R1(config-if)#no shut
R1(config)#router ospf 1
R1(config-router)#network 100.1.1.0 0.0.0.3 area 0
R1(config-router)#exit

R2(config)#host R2
R2(config)#inter fastethernet 0/1
R2(config-if)#ip address 100.1.1.2 255.255.255.252
R2(config-if)#no shut
R2(config-if)#exit
R2(config)#inter fastethernet 0/0
R2(config-if)#ip address 100.1.1.5 255.255.255.252

R2(config-if)#no shut

R2(config-if)#exit

R2(config)#router ospf 1

R2(config-router)#network 100.1.1.0 0.0.0.3 area 0

R2(config-router)#network 100.1.1.4 0.0.0.3 area 0

R2(config-router)#exit

R3(config)#host R3

R3(config)#inter fastethernet 0/1

R3(config-if)#ip address 100.1.1.6 255.255.255.252

R3(config-if)#no shut

R3(config-if)#exit

R3(config)#inter fastethernet 0/0

R3(config-if)#ip address 100.1.1.9 255.255.255.252

R3(config-if)#no shut

R3(config-if)#exit

R3(config)#router ospf 1

R3(config-router)#network 100.1.1.8 0.0.0.3 area 0

R3(config-router)#network 100.1.1.4 0.0.0.3 area 0

R3(config-router)#exit

R4(config)#host R4

R4(config)#inter fastethernet 0/1

R4(config-if)#ip address 100.1.1.10 255.255.255.252

R4(config-if)#no shut

R4(config-if)#exit

R4(config)#inter fastethernet 0/0

R4(config-if)#ip address 192.168.2.1 255.255.255.0

R4(config-if)#no shut

R4(config)#router ospf 1

R4(config-router)#network 100.1.1.8 0.0.0.3 area 0

R4(config-router)#exit

4.3.4 配置 CallManager 配置实现 VOIP

Cisco CallManager Express 是一个内置于 Cisco IOS 软件中的解决方案,可为思科 IP 电话提供呼叫处理。该解决方案使大量的思科路由器能提供企业用户常用 Cisco CallManager Express 的电话功能,以满足中小型机构的要求。CallManager 通过一个思科接入路由器实现了经济有效、高度可靠的 IP 通信解决方案的部署。

利用部署、管理和维护极为方便的解决方案,客户可以将 IP 电话功能扩展至中、小型站点。Cisco CallManager Express 解决方案最适合那些正在寻找一种低成本、可靠、特性丰富、适合 240 名用户的电话解决方案的客户。

Cisco Unified Communications Manager 是思科统一通信解决方案中强大的呼叫处理组件。它是一个可扩展、可分布、高度可用的企业 IP 语音呼叫处理解决方案。

Cisco Unified Communications Manager 软件将企业电话特性和应用扩展至分组电话网络设备,如 IP 电话、介质处理设备、IP 语音(VOIP)网关和多媒体应用。其他的数据、语音和视频服务,如统一信息处理、多媒体会议、联络中心和互动多媒体响应系统,都可通过 Cisco Unified Communications Manager 开放电话应用编程界面(API)与 IP 电话解决方案实现互动。Cisco Unified Communications Manager 可安装在 Cisco Media Convergence Server(MCS)7800 和特定第三方服务器上。

Cisco Unified Communications Manager 提供了一种可扩展、可分布和高可用的企业 IP 电话呼叫处理解决方案。它集群了多个 Cisco Unified Communications Manager 服务器,并将其作为单一实体进行管理。在 IP 网络上集群多个呼叫处理服务器在业内堪称是一种独特的功能。Cisco Unified Communications Manager 集群实现了每个集群从 1 到 30 000 部 IP 电话的可扩展性、负载均衡和呼叫处理服务冗余。通过互联多个集群,系统容量可以扩展至 100 多个站点系统、100 多万名用户。

Cisco 的 2811 作为 Callmanager 服务器,提供电话号注册分配,完成电话的信令控制和通话控制。

```
R1(config)# ip dhcp excluded-address 192.168.1.100      //排除掉静态使用的地址
R1(config)# ip dhcp excluded-address 192.168.1.1        //排除掉网关地址
R1(config)#
R1(config)# ip dhcp pool zb-phone                       //DHCP 动态为接入设备提供 IP
R1(dhcp-config)# network 192.168.1.0 255.255.255.0
R1(dhcp-config)# default-router 192.168.1.1
R1(dhcp-config)# option 150 ip 192.168.1.1              //利用 DHCP 包中 150 选项将 TFT-
                                                          PIP 带给 DHCP 客户端
R1(dhcp-config)# exit
R1(config)# telephony-service                           //开启电话服务
R1(config-telephony)# max-ephones 5                     //设置容许的最大电话数
R1(config-telephony)# max-dn 5                          //设置容许的最大目录号
R1(config-telephony)# ip source-address 192.168.1.1 port 2000  //IP 电话注册到 Callmanger
                                                                  上通信的 IP 和端口号
R1(config-telephony)# auto assign 1 to 5
R1(config-telephony)# exit
R1(config)#
R1(config)# ephone-dn 1                                 //设置逻辑电话目录号
R1(config-ephone-dn)# number 1111                       //电话号码
```

```
R1(config-ephone-dn)# exit
R1(config)# ephone-dn 2
R1(config-ephone-dn)# number 2222
R1(config-ephone-dn)# exit
R1(config)#
R1(config)# dial-peer voice 1 VOIP                      //配置 VOIP 拨号对应端
R1(config-dial-peer)# destination-pattern 3333          //配置 VOIP 拨号对应端的电话号码
R1(config-dial-peer)# session target ipv4:100.1.1.10    //指定对端 IP 地址,当此路由器接收
                                                          到语音数字 3333 时,把这些数字匹配
                                                          到对等体 1 上,并指示此路由器把该呼
                                                          叫转发到 VOIP 对等体 100.1.1.10
R1(config-dial-peer)# exit
R1(config)# dial-peer voice 2 VOIP
R1(config-dial-peer)# destination-pattern 4444
R1(config-dial-peer)# session target ipv4:100.1.1.10

R4(config)# ip dhcp excluded-address 192.168.2.100
R4(config)# ip dhcp excluded-address 192.168.2.1
R4(config)#
R4(config)# ip dhcp pool zb-phone
R4(dhcp-config)# network 192.168.2.0 255.255.255.0
R4(dhcp-config)# default-router 192.168.2.1
R4(dhcp-config)# option 150 ip 192.168.2.1
R4(dhcp-config)# exit
R4(config)# telephony-service
R4(config-telephony)# max-ephones 5
R4(config-telephony)# max-dn 5
R4(config-telephony)# ip source-address 192.168.2.1 port 2000
R4(config-telephony)# auto assign 1 to 5
R4(config-telephony)# exit
R4(config)#
R4(config)# ephone-dn 1
R4(config-ephone-dn)# number 3333
R4(config-ephone-dn)# ephone-dn 2
R4(config-ephone-dn)# number 4444
R4(config-ephone-dn)# exit
R4(config)#
R4(config)# dial-peer voice 1 VOIP
R4(config-dial-peer)# destination-pattern 1111
```

R4(config-dial-peer)# session target ipv4:100.1.1.1
R4(config-dial-peer)# exit
R4(config)# dial-peer voice 2 VOIP
R4(config-dial-peer)# destination-pattern 2222
R4(config-dial-peer)# session target ipv4:100.1.1.1

4.3.5　交换机上配置 Voice VLAN

交换机必须配置 Voice VLAN。

Voice VLAN 是为用户的语音数据流划分的 VLAN。用户通过创建 Voice VLAN 并将连接语音设备的端口加入 Voice VLAN,可以使语音数据集中在 Voice VLAN 中进行传输,便于对语音流进行有针对性的 QoS(quality of service,服务质量)配置,提高语音流量的传输优先级,保证通话质量。

IP 电话是通过 CDP 信息学习到 Voice VLAN 的,也就是电话工作在 Voice VLAN。语音数据会封装语音 VLANTag 给交换机,交换机根据 Tag 把语音数据放入响应 VLAN。一般情况下 PC 是不会在发送数据的时候标记 Tag 的,也就是说 PC 发送的数据没有 Tag。数据到达 IP Phone 后,IP Phone 并不会为 PC 的数据标记数据 VLAN,仅仅把接收到的数据传送给交换机。也就是说,交换机收到的数据是没有 Tag 的。

```
Switch(config)# host Sw1
Sw1(config)# inter range fastethernet 0/1-3
Sw1(config-if-range)# sw voice vlan 1        //收到 Tag1 的数据放入 VLAN 1
Sw1(config-if-range)# exit
Switch(config)# host Sw2
Sw2(config)# inter range fastethernet 0/1-3
Sw2(config-if-range)# sw voice vlan 1
Sw2(config-if-range)# exit
```

4.3.6　VOIP 测试

在网络设备配置完 VOIP 以后,就能看到 IP Phone 电话获得了电话号码,而模拟电话却迟迟没有动静。这时候需要在 Home-VOIP 上做语音服务器地址的设置,如图 4-11 所示。打开拓扑图左边的 Home-VOIP 界面,在 Config 界面的 Server Address 处设置语音路由器的地址 192.168.1.1,另外一个设置 IP 地址为 192.168.2.1,设置完以后,模拟电话就有相应的电话号码了。

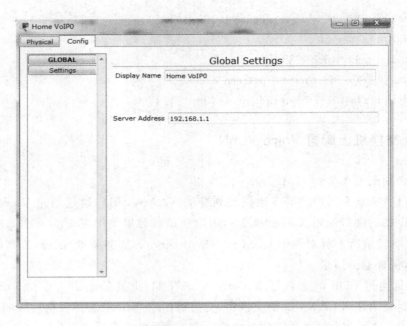

图 4-11 Home-VOIP 设置

点击"IP Phone0"打开如图 4-12 所示,可以看到获得了电话号码 1111。点击听筒,打开拿起听筒模式图,如图 4-13 所示。可以像图 4-14 所示拨电话号码 2222,电话屏幕显示"To：2222",这时有音箱的话就可以听到电话号码为 2222 的电话的响铃声音,并且可以看到图 4-15 所示"From 1111"的电话。点击电话听筒就可以看到图 4-16 所示"Connected",表示接通电话了。按照同样方法,可以拨通电话号码为 3333 和 4444 的电话。

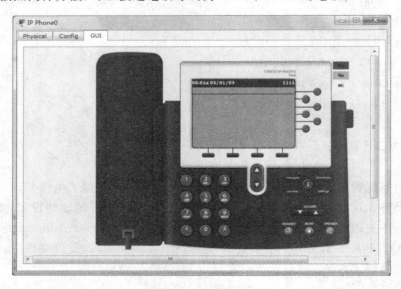

图 4-12 IP Phone 获得电话号码

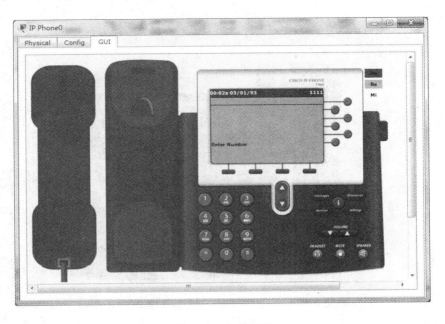

图 4-13　拿起听筒

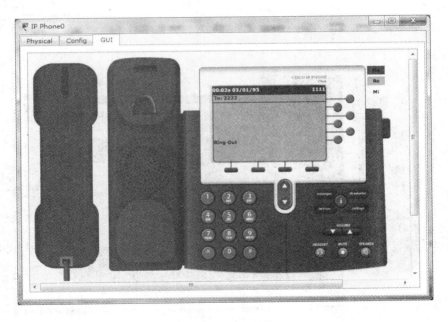

图 4-14　拿起听筒拨号

图 4-15　来电显示 1111

图 4-16　拿起听筒接电话

4.3.7 企业IPSec VPN仿真实现

Packet Tracer作为一款优秀的网络仿真软件,在仿真IPSec VPN上也非常出色。
根据拓扑图进行IPSec VPN的配置,具体配置脚本如下:

```
R1(config)# ip route 192.168.2.0 255.255.255.0 100.1.1.10
R1(config)# access-list 100 permit ip 192.168.1.0 0.0.0.255 192.168.2.0 0.0.0.255
R1(config)# crypto isakmp policy 1
R1(config-isakmp)# hash md5
R1(config-isakmp)# authentication pre-share
R1(config-isakmp)# exit
R1(config)# crypto isakmp key 123456 address 100.1.1.10
R1(config)# crypto ipsec transform-set tr10 esp-des esp-md5-hmac
R1(config)# crypto map map10 10 ipsec-isakmp
R1(config-crypto-map)# set peer 100.1.1.10
R1(config-crypto-map)# set transform-set tr10
R1(config-crypto-map)# match address 100
R1(config-crypto-map)# exit
R1(config)# interface FastEthernet0/0
R1(config-if)# crypto map map10
R1(config-if)# exit

R4(config)# ip route 192.168.1.0 255.255.255.0 100.1.1.1
R4(config)# access-list 100 permit ip 192.168.2.0 0.0.0.255 192.168.1.0 0.0.0.255
R4(config)# crypto isakmp policy 1
R4(config-isakmp)# hash md5
R4(config-isakmp)# authentication pre-share
R4(config-isakmp)# exit
R4(config)# crypto isakmp key 123456 address 100.1.1.1
R4(config)# crypto ipsec transform-set tr10 esp-des esp-md5-hmac
R4(config)# crypto map map10 10 ipsec-isakmp
R4(config-crypto-map)# set peer 100.1.1.1
R4(config-crypto-map)# set transform-set tr10
R4(config-crypto-map)# match address 100
R4(config-crypto-map)# exit
R4(config)# interface FastEthernet0/1
R4(config-if)# crypto map map10
R4(config-if)# exit
```

验证 IPSec VPN 是关键，当使用图 4-7 的 PC 互相进行 ping 命令的连通性测试时，如果显示连通了，就表示 IPSec VPN 工作了，另外还可以在 R1 和 R4 路由器上使用 show crypto ipsec sa 检查 IPSec VPN 的信息，如下所示。

R1#show crypto ipsec sa
interface：FastEthernet0/0
    Crypto map tag：map10，local addr 100.1.1.1
    protected vrf：(none)
    local ident (addr/mask/prot/port)：(192.168.1.0/255.255.255.0/0/0)
    remote ident (addr/mask/prot/port)：(192.168.2.0/255.255.255.0/0/0)
    current_peer 100.1.1.10 port 500
     PERMIT，flags={origin_is_acl,}
    #pkts encaps：7，#pkts encrypt：7，#pkts digest：0
    #pkts decaps：6，#pkts decrypt：6，#pkts verify：0
    #pkts compressed：0，#pkts decompressed：0
    #pkts not compressed：0，#pkts compr. failed：0
    #pkts not decompressed：0，#pkts decompress failed：0
    #send errors 1，#recv errors 0
     local crypto endpt.：100.1.1.1，remote crypto endpt.：100.1.1.10
     path mtu 1500，ip mtu 1500，ip mtu idb FastEthernet0/0
     current outbound spi：0x012A70F8(19558648)
     inbound esp sas：
      spi：0x6FFC05B4(1878787508)
       transform：esp-des esp-md5-hmac，
       in use settings ={Tunnel, }
       conn id：2008，flow_id：FPGA：1，crypto map：map10
       sa timing：remaining key lifetime (k/sec)：(4525504/3386)
       IV size：16 bytes
       replay detection support：N
       Status：ACTIVE
     inbound ah sas：
     inbound pcp sas：
     outbound esp sas：
      spi：0x012A70F8(19558648)
       transform：esp-des esp-md5-hmac，
       in use settings ={Tunnel, }
       conn id：2009，flow_id：FPGA：1，crypto map：map10
       sa timing：remaining key lifetime (k/sec)：(4525504/3386)

        IV size: 16 bytes
        replay detection support: N
        Status: ACTIVE
    outbound ah sas:
    outbound pcp sas:

R4#show crypto ipsec sa
interface: FastEthernet0/1
    Crypto map tag: map10, local addr 100.1.1.10
    protected vrf: (none)
    local ident (addr/mask/prot/port): (192.168.2.0/255.255.255.0/0/0)
    remote ident (addr/mask/prot/port): (192.168.1.0/255.255.255.0/0/0)
    current_peer 100.1.1.1 port 500
      PERMIT, flags={origin_is_acl,}
    #pkts encaps: 6, #pkts encrypt: 6, #pkts digest: 0
    #pkts decaps: 7, #pkts decrypt: 7, #pkts verify: 0
    #pkts compressed: 0, #pkts decompressed: 0
    #pkts not compressed: 0, #pkts compr. failed: 0
    #pkts not decompressed: 0, #pkts decompress failed: 0
    #send errors 0, #recv errors 0
        local crypto endpt. : 100.1.1.10, remote crypto endpt. :100.1.1.1
        path mtu 1500, ip mtu 1500, ip mtu idb FastEthernet0/1
        current outbound spi: 0x6FFC05B4(1878787508)
        inbound esp sas:
          spi: 0x012A70F8(19558648)
            transform: esp-des esp-md5-hmac,
            in use settings ={Tunnel, }
            conn id: 2008, flow_id: FPGA:1, crypto map: map10
            sa timing: remaining key lifetime (k/sec): (4525504/3196)
            IV size: 16 bytes
            replay detection support: N
            Status: ACTIVE
        inbound ah sas:
        inbound pcp sas:
        outbound esp sas:
          spi: 0x6FFC05B4(1878787508)
            transform: esp-des esp-md5-hmac,
            in use settings ={Tunnel, }
            conn id: 2009, flow_id: FPGA:1, crypto map: map10

　　　　sa timing: remaining key lifetime (k/sec): (4525504/3196)
　　　　IV size: 16 bytes
　　　　replay detection support: N
　　　　Status: ACTIVE
outbound ah sas:
outbound pcp sas:

chapter 5

Windows 服务器系统实训

> Windows Server 是 Microsoft Windows Server System(WSS)的核心,是 Windows 的服务器操作系统。Windows Server 上的服务器配置使用图形化界面,步骤反映比较直观,很多中、小企业都会使用 Windows Server 搭建的服务器,特别是使用活动目录进行网络管理,其中的组策略应用更为灵活,为企业的网络的安全、稳定运行提供支持。

5.1 部署企业域控制器

活动目录（active directory）是面向 Windows Standard Server、Windows Enterprise Server 以及 Windows Datacenter Server 的目录服务。Active Directory 不能运行在 Windows Web Server 上，但是可以通过它对运行 Windows Web Server 的计算机进行管理。Active Directory 存储了有关网络对象的信息，并且让管理员和用户能够轻松地查找和使用这些信息。Active Directory 使用了一种结构化的数据存储方式，并以此作为基础对目录信息进行合乎逻辑的分层组织。Microsoft Active Directory 服务是 Windows 平台的核心组件，它为用户管理网络环境各个组成要素的标识和关系提供了一种有力的手段。

目录存储在被称为域控制器的服务器上，并且可以被网络应用程序或者服务器所访问。一个域可能拥有一台以上的域控制器。每一台域控制器都拥有它所在域的目录的一个可写副本。对目录的任何修改都可以从源域控制器复制到域、域树或者森林中的其他域控制器上。由于目录可以被复制，而且所有的域控制器都拥有目录的一个可写副本，所以用户和管理员便可以在域的任何位置方便地获得所需的目录信息。下面通过虚拟化模拟企业域控制器的部署。

5.1.1 配置准备

进行活动目录的应用需要使用 Windows Server，为了更好地模拟企业网络环境，需要使用虚拟机环境来进行域环境的搭建。这里使用 Windows Sever 2008 R2 和 VMware Workstation 来进行企业域环境的模拟。

首先获得所需要的软件，并且在一台配置比较高的计算机上安装好这些软件，如果有条件的话，还是进行实际仿真比较好。使用 VM 软件安装 Server 2008 R2 的企业版，安装完毕以后，使用 VM 软件进行 Server 2008 的克隆，注意要使用完全镜像的方式，不要使用链接的方式，否则由于 Server 内的 SID 一致，会导致域环境搭建的失败，这里需要克隆出 4 台 Server。

克隆完毕需要在每一台设备上修改 SID。以前的 Server 2003 可以使用一个叫 NewSID 的软件进行修改，但是在 Server 2008 以后就不再支持，如果还是使用 NewSID 软件的话，就会导致 Server 出现蓝屏的状况。Server 2008 本身集成了一个工具叫 sysprep，可以点击"开始"，找到"运行"，输入 sysprep，如图 5-1 所示。打开图 5-2 所示窗口，双击运行 sysprep 应用程序。打开图 5-3 所示窗口，选择"进入系统全新体验（OOBE）"，勾选"通用"，选择"重新启动"，点击"确定"，就可以进行 SID 的修改了。重新启动完毕，Server 2008 的 SID 就已经修改完毕。

如何看到几台 Server 的 SID 呢？可以使用 MSDOS，点击"运行"，输入 CMD，打开 MSDOS，输入命令 whoami/user，就可以看到 Server 的 SID，如图 5-4 所示。在做后续的域控制器的安装时，一定要比较一下每一台 Server 的 SID，防止由于未修改导致后续的安装失败。如果是使用全新的 Server 安装，就不需要这样的修改，为了模拟方便并且获得高效率，使用 VM 进行这样的操作还是值得的。

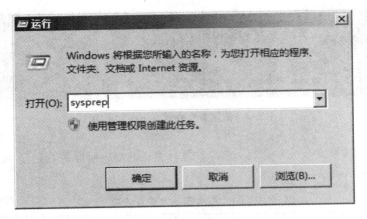

图 5-1　修改 SID 命令

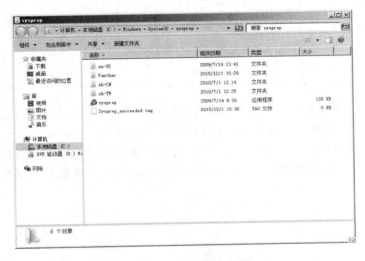

图 5-2　sysprep 所在位置

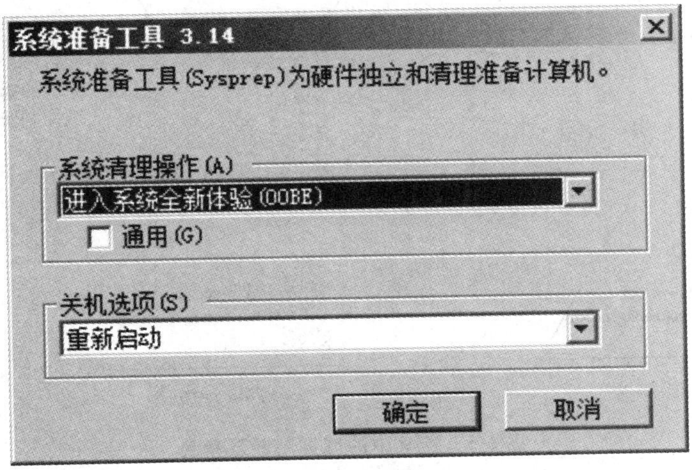

图 5-3　sysprep 运行及修改 SID 设置

```
C:\Users\Administrator>whoami /user

用户信息
----------------

用户名                         SID
================================================================
win-server-001\administrator S-1-5-21-1538155309-573000645-3529600445-500
```

图 5-4 使用命令查看 Server 的 SID

Server 2008 基本安装完毕以后,就需要进行主机名、IP 地址的设置了,根据表 5-1 所示信息进行 Server 2008 的信息设置。

表 5-1 服务器基本信息设置

序号	服务器主机名	服务器角色	IP 地址	备注
1	win-server-001	第 1 台域控制器	10.10.184.5	DNS、DHCP
2	win-server-002	子域控制器	10.10.184.6	
3	win-server-003	现有林的第 2 台域控制器	10.10.184.7	
4	win-server-004	额外域控制器	10.10.184.8	

构建域林的结构也是准备工作中非常重要的一个环节。服务器在域中根据特定的需求有不同的角色,安装的第一台域控制器,即安装活动目录,我们称为 Domain Controller,简称 DC,也是第一个林的主要域控制器。后续如额外域控制器、子域控制器、当前林中的其他域控制器都是在 DC 的基础上构建的,如图 5-5 所示为新林的域控制器及相关服务器的角色。

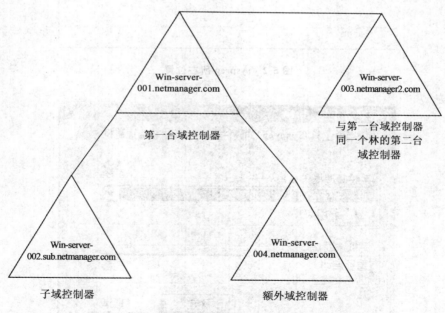

图 5-5 新林中的域控制器及角色

额外域控制器是 DC 的副本,起到备份作用;子域控制器就是在域控制器的基础上建立二级域控制,形成父与子的关系,这是一种天然的域信任关系;当前林中的其他域控制器与 DC 组成了一片林,否则 DC 与额外域控制器和子域控制器形成一棵树的概念。

5.1.2 域控制器安装

要在 Server 上安装活动目录,需要运行 AD 域服务器安装向导才能完成该服务器的部署,所以在主机 Win-Server-001 上"运行"对话框中输入"dcpromo"点击"确定"启动向导,如图 5-6 所示。

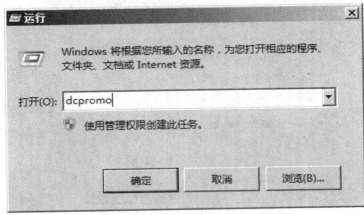

图 5-6 活动目录安装命令

经过系统自动检测后,将出现 AD 安装向导的欢迎界面,如图 5-7 所示,在该对话框中可以选择使用标准或高级模式来进行安装。高级模式是提供给有经验的用户,使其对安装过程有更多的控制。

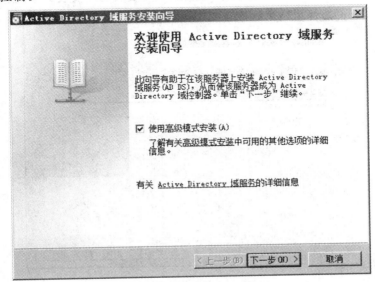

图 5-7 域服务安装

在此建议使用高级模式来进行操作。另外,还可直接在命令提示符下运行带有/adv 开关的 dcpromo 命令(dcpromo/adv)来启动高级向导。

点击"下一步",对部属配置进行选择(图 5-8),由于目的是部属企业中的第一个 DC,所以在此应选择"在新林中新建域"。因为创建新林需要管理员权限,所以必须是正在其上安装 AD 的服务器本地管理员组的成员。

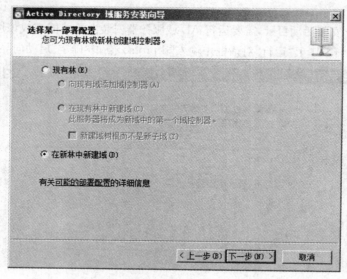

图 5-8 DC 创建

点击"下一步",对域林的根域进行命名(图 5-9)。需要在之前对 DNS 基础结构有一个完整的计划。必须了解该林的完整 DNS 名称,这里设置 FQDN 为 netmanager.com,可以在安装 AD 之前先安装 DNS 服务器服务,或者让 AD 安装向导安装 DNS 服务器服务。

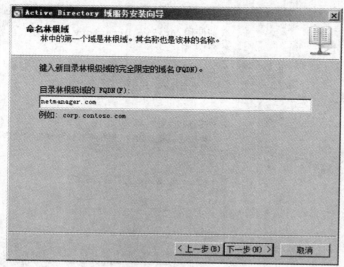

图 5-9 DC 的域名设置

让 AD 向导来安装 DNS 服务器服务，使用此处的 DNS 名称作为林中的第一个域自动生成 NetBIOS 名称。点击"下一步"，向导会验证 DNS 名称和 NetBIOS 名称在网络中的唯一性。由于使用的是高级模式，所以 NetBIOS 无论是否发生冲突，都会出现"域 NetBIOS 名称"步骤，如图 5-10 所示。在标准模式下，只有检查到自动生成的 NetBIOS 名称与现有网络中名称冲突时，才会出现该步骤。

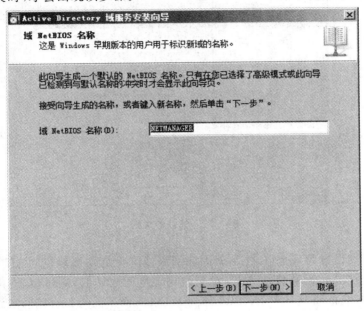

图 5-10　NetBIOS 名称

点击"下一步"，"设置林功能级别"，如图 5-11 所示。功能级别确定了在域或林中启用 AD 的功能，还将限制可以在域或域林中 DC 上运行的 Windows 服务器版本。但是，功能级别不会影响在连接到域或域林的工作站和成员服务器上运行的操作系统。

创建新域或新林时，建议将域和林功能级别设置为当前环境可以支持的最高值，这样可以尽可能地充分发挥 AD 的功能。如果肯定不会将运行 Windows Server 2008（以后简称 WIN08）或任何更早版本的操作系统的域控制器添加到域或林，可以选择 WIN08R2 功能级别。另外，如果可能会保留或添加运行 WIN08 或更早版本的域控制器，则在安装期间应选择 Windows Server 2008 功能级别。若确定不会添加这类域控制器或这类域控制器不再使用，则安装后可以提升功能级别。需要注意的是不能将域功能级别设置为低于林功能级别的值。例如：将林功能级别设置为 WIN08，则只能将域功能级别设置为 WIN08 或 WIN08R2。Windows 2000（以后简称 WIN2K）和 Windows Server 2003（以后简称 WIN03）域功能级别值在"设置域功能级别"向导页中将不可选择。因此，若选择林功能级别为 WIN08R2，那么，向导将不会出现"设置域功能级别"步骤，默认情况下向林添加的所有域都将为 WIN08R2 域功能级别。

需要注意的是将域功能级别设置为某个特定值后，将无法回滚或降低域功能级别，但以下情况例外：将域功能级别提升至 WIN08R2，并且林功能级别为 WIN08 或更低时，可以将域功能级别回滚到 WIN08 且只能将其从 WIN08R2 降到 WIN08，而不能将其直接回滚到 WIN03。

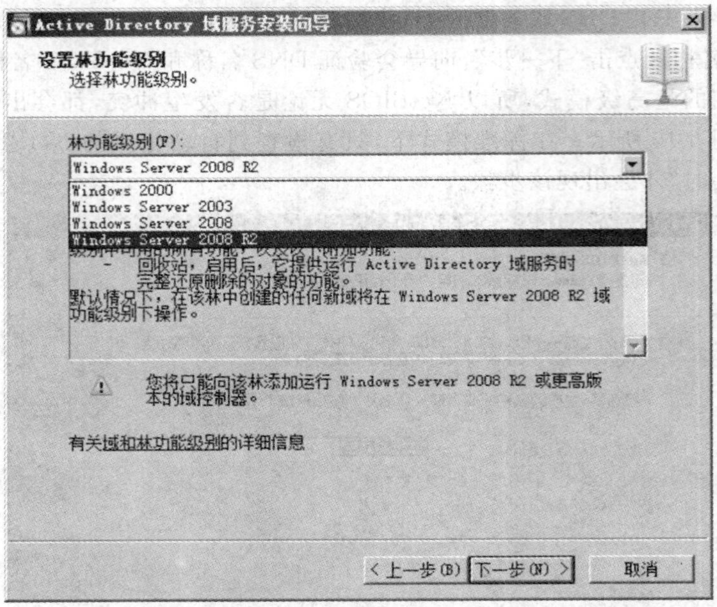

图 5-11 林功能级别

将林功能级别设置为某个值之后,就不能回滚或降低林功能级别,但有一种情况例外:当您将林功能级别提升到 WIN08R2 且没有启用 AD 回收站时,则可以选择将林功能级别回滚到 WIN08 且只能将其从 WIN08R2 降到 WIN08,而不能将其直接回滚到 WIN03。

点击"下一步",配置"其他域控制器选项",如图 5-12 所示。在 AD 安装期间,可以为 DC 选择安装 DNS 服务或将其设置成为全局编录服务器(GC)或只读域控制器(RODC)。

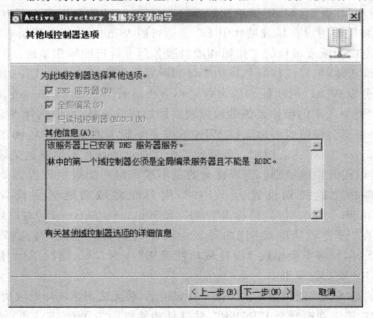

图 5-12 域控制器选项

正如"DC 网络属性的基本配置"一节中谈到的,如果事先安装了 DNS 服务器,就会看到提示服务器上已安装了;如果没有,就需要在 DC 上同时安装 DNS 服务,此处就需要勾选"DNS 服务器"选项。该选项的默认设置取决于此前选择的部署配置和当前网络中的 DNS 环境等因素,一般建议同时安装。

如果启动 AD 安装向导之前已经安装了 DNS 服务,但 AD 没有 DNS 基础结构,则 DNS 服务将继续为它承载的任何基于文件的区域解析名称,但不会承载它作为域控制器所在的域的任何 AD 集成的 DNS 区域。

由于林中的第一台 DC 必须是 GC,因此在创建域林时"全局编录"复选框会被自动选中,而且变灰色不能被取消。在现有域中安装其他 DC 时,默认也会选中该复选框,但是可以手动取消选择。

在创建新的子域或域树时,默认情况下不会选中"全局编录"复选框,因为新域中的第一个域控制器承载着所有域范围的操作主机角色(FSMO 角色),包括基础结构操作主机角色。在多域林中,除非域中的所有 DC 都是 GC,否则在 GC 上承载基础结构主机角色可能会出现问题。因此,在新子域或域树的第一个 DC 上安装全局编录,则需要在将其他 DC 安装到域中之后转移基础结构主机角色,或是确保安装到域中的所有其他 DC 也都是 GC。而且,在安装其他可写域控制器时,AD 安装向导会验证基础结构主机是否承载于合适的 DC 上,并且会验证它是否可以修复使用所选安装选项引发的问题。

以下条件下不允许安装 RODC:新林中安装第一个域控制器;新域中安装第一个域控制器;林功能级别不是 WIN03、WIN08 或 WIN08R2;要安装 RODC 的域中没有 WIN08 或 WIN08R2 的可写域控制器。

如果选中"只读域控制器(RODC)"复选框,除非无法选中"DNS 服务器"复选框,否则向导会自动选中此选项。如果在向导选中"DNS 服务器"复选框之后将其清除,则向导会发出警告:"如果不同时安装 DNS 服务器,分支机构中的客户端可能无法找到 RODC"。默认情况下,"全局编录"复选框可能也处于选中状态,具体取决于选择的其他安装选项。默认情况下,如果选中"只读域控制器"复选框,向导就会自动选中"全局编录"复选框。

在"其他域控制器选项"页上选择选项,然后点击"下一步"之后,向导会执行以下验证检查,之后才会继续进行操作。

静态 IP 地址验证——如果选中"DNS 服务器"复选框,AD 安装向导会验证服务器的所有物理网络适配器是否都具有一个静态地址,包括静态的 IPv4 和 IPv6 地址。尽管不使用静态 IP 地址便可以完成 AD 安装,但不建议这样做,因为如果 DC 的 IP 地址发生变化,客户端可能无法联系 DC。

基础结构主机检查——如果选择在域中安装其他域控制器的选项,AD 安装向导默认会选中"全局编录"复选框。如果正在安装可写域控制器("只读域控制器"复选框处于清除状态),而且清除了"全局编录"复选框,向导会检查域中的全局编录服务器上当前是否承载了基础结构主机角色。如果检查结果为是,向导会提示将该角色转移到正在安装的 DC 上。可以点击"是"将基础结构主机角色转移到此 DC 上,或点击"否"稍后更改配置。

Adprep/rodcprep 检查——如果安装 RODC,向导会验证 adprep/rodcprep 命令是否成功完成,以及该命令导致的更改是否复制到整个林中。如果 adprep/rodcprep 命令没有成功完成,或是更改尚未复制到整个林中,会收到一条错误消息,指出在继续进行安装之前必须运行该命令。如果收到此消息,可以在林中的任何计算机上再次运行 adprep /rodcprep,或是等待更改复制到整个林中。

点击"下一步",系统会弹出 DNS 服务委派警告对话框,如图 5-13 所示。在此,点击"是"继续完成向导。这个对话框的出现是由于配置其他服务器时,选择了"DNS 服务器"选项,而当前计算机又未找到指定域的权威父域 Windows DNS 服务器,从而无法确定是否对指定域进行了委派。

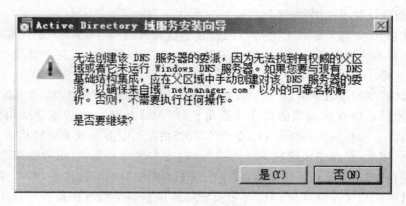

图 5-13　DNS 服务器检查

确定 AD 数据库、日志文件和 SYSVOL 放置的位置,如图 5-14 所示。数据库主要存储有关用户、计算机和网络中其他对象的信息;日志文件记录与 AD 有关的活动;SYSVOL 存储组策略对象和脚本,其默认是位于%windir%目录中的操作系统文件的一部分。

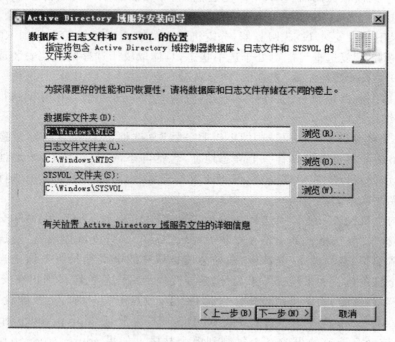

图 5-14　数据库、日志等文件夹设置

在决定 AD 文件的存储位置时,可以从以下两个因素来考虑——备份和恢复。对于只有一个硬盘的服务器来讲,只需接受 AD 安装向导的默认安装设置即可。但是,必须至少在该硬盘上创建两个卷。其中一个卷用于存储关键卷数据,另一个卷用于存储备份。在使用 Windows Server Backup 或 Wbadmin.exe 命令行工具备份 DC 时,至少必须备份系统状态数据,以便使用备份恢复服务器。用于存储备份的卷不能与承载系统状态数据的卷相同。构成系统状态数据的系统组件由安装在计算机上的服务器角色来决定。

系统状态数据至少包括下列数据(根据所安装的服务器角色,还可能包括其他数据):注册表、COM+ 类注册数据库、引导文件、Active Directory 证书服务(AD CS)数据库、承载 Active Directory 数据库(Ntds.dit)的卷、承载 Active Directory 数据库日志文件的卷、SYSVOL 目录、群集服务信息、Microsoft Internet Information Services (IIS) 元目录、Windows 资源保护下的系统文件、性能。

对于更加复杂的安装,可能需要配置硬盘存储以优化 AD 的性能。由于数据库和日志文件以不同方式利用磁盘存储空间,因此可以通过将每种内容分配到不同的硬盘主轴来提高 AD 的性能。

例如,一台服务器具有四个可用的硬盘驱动器,它们的驱动器卷标分别为:

驱动器 C,包含操作系统文件;

驱动器 D,未使用;

驱动器 E,未使用;

驱动器 F,用于备份。

在此服务器上,可以通过将数据库和日志文件分别安装到专用的驱动器(如 D 和 E)中而最大限度提高 AD 的性能。这有助于提高数据库的搜索性能,因为有一个驱动器主轴可以专用于搜索活动。在同时进行大量更改的情况下,这种配置也会降低承载日志文件的磁盘出现瓶颈问题的概率。可以将 SYSVOL 与操作系统文件一起存储在驱动器 C 中。

点击"下一步",向导要求输入"目录还原模式的 Administrator 密码",如图 5-15 所示。在 AD 未运行时,目录服务还原模式(directory services restore mode,DSRM)密码是登录域控制器所必需的。

DSRM 密码与域管理员账户的密码不同。当创建林中第一台 DC 时,AD 安装向导会将本地服务器上生效的密码策略强制作用于此。对于所有的其他 DC 的安装,AD 安装向导将现有 DC 上生效的密码策略强制作用于此。这意味着,指定的 DSRM 密码必须符合包含现有 DC 所在域的最小密码长度、历史记录和复杂性要求。默认情况下,必须是包含大写字母、小写字母、数字和符号的强密码,如果不是这样的密码就会弹出图 5-16 所示的提示。

点击"下一步",显示安装摘要,如图 5-17 所示,并且可以单击"导出设置"将在此向导中指定的设置保存到一个应答文件。然后,可以使用应答文件自动执行 AD 的后续安装。

应答文件是包含 [DCInstall] 标题的纯文本文件,应答文件提供了对 AD 安装向导所需配置的设置值。使用该应答文件时,管理员无须与该向导进行交互。向导会向该应答文件中添加文本,说明如何使用该文件。例如,说明如何使用 dcpromo 命令来调用该文件以及必须更新哪些设置才能使用该文件。

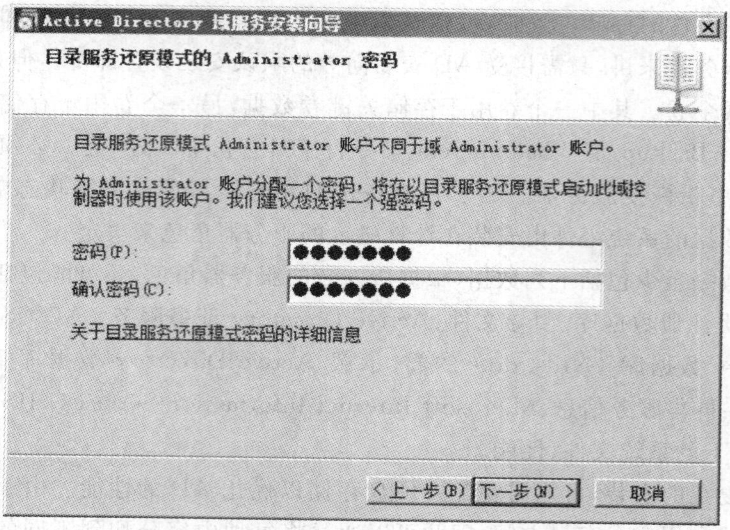

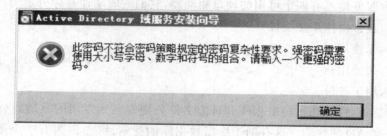

图 5-15 还原模式 Administrator 密码设置

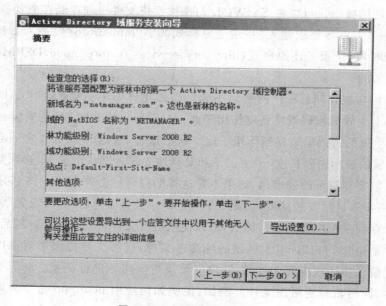

图 5-16 密码强度不够提示

图 5-17 域控制器安装摘要

若要使用应答文件来安装 AD,在命令提示符下输入:dcpromo /answer[:filename],其中 filename 为应答文件的名称。

点击"下一步",安装向导执行安装操作,如图 5-18 所示。如果没有勾选"完成后重新启动"复选框,则执行完毕后,AD 安装向导将出现完成安装页,如图 5-19 所示。点击"完成",系统会提示需要重新启动计算机配置才能生效,如图 5-20 所示。点击"立即重新启动"完成 DC 安装操作。

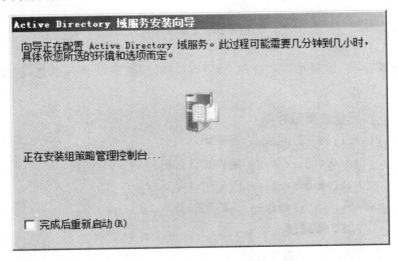

图 5-18　域服务安装

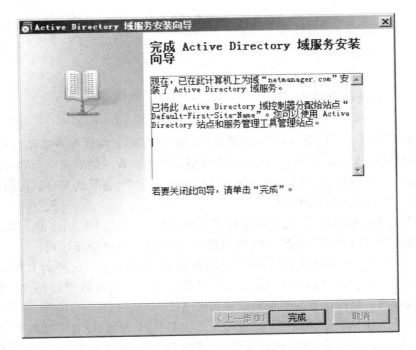

图 5-19　域服务安装完成

图 5-20　重启提示

重启服务器后,点击"开始"—"管理工具",可以看到图 5-21 所示信息,就表示 DC 安装成功。

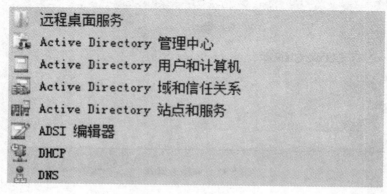

图 5-21　域服务相关信息

5.1.3　子域控制器安装

根据域树结构现在进行子域安装,安装之前最好查看一下两台服务器是否在一个局域网里,这里可以通过 VMware Workstation 的网络设置来查看。如果在一个局域网段内,通过使用 ping 命令进行连通性测试,通常新安装的 Server 2008 会默认开启防火墙,需要把防火墙关闭,否则会出现无法连通的状况。

做好基本的连通性测试后,就可以进行子域的安装了,如同 DC 的安装一样,使用命令 dcpromo,使用高级安装模式,做图 5-22 所示设置,设置在现有林中新建域。

点击"下一步"后,打开网络凭据,如图 5-23 所示,这里需要输入父域的名称。这个实例里使用前面 DC 安装使用的 netmanager.com,另外需要备用凭据设置,点击"设置"后会打开图 5-24 所示,输入域控制器的管理员账号和密码。

设置通过后点击图 5-23 所示"下一步",打开如图 5-25 所示,设置子域的 DNS 名称,父域的 FQDN 最好使用"浏览"按钮进行选择,子域的 DNS 名称设置为 sub,最下面的信息显示了子域的 FQDN 信息为 sub.netmanager.com。

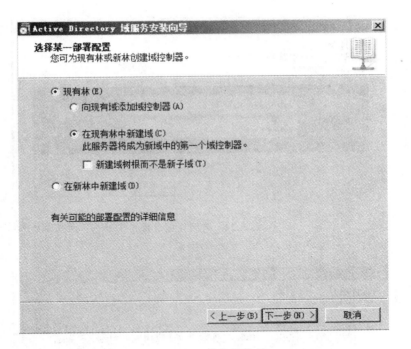

图 5-22　子域安装选项

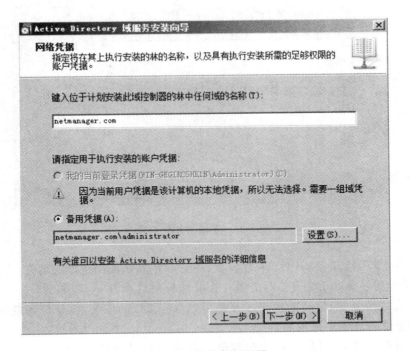

图 5-23　网络凭据设置

图 5-24 备用凭据设置

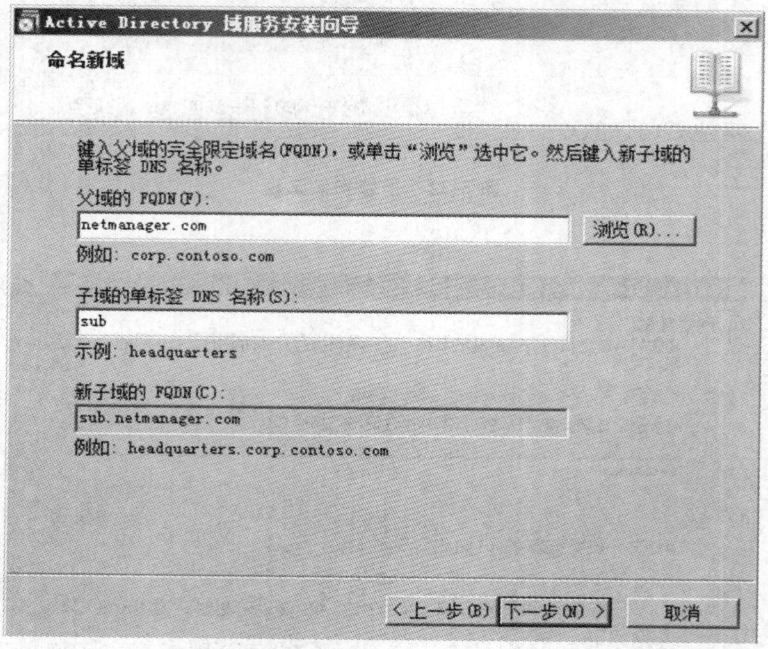

图 5-25 子域 FQDN 设置

点击"下一步",打开 NetBIOS 名称设置(图 5-26),默认使用子域的名称,点击"下一步"就可以,后续设置基本与 DC 安装时类似。在源域控制器设置环节,如图 5-27 所示,需要注意选择第一台域控制器,后续的操作步骤都可以参考 DC 的安装,默认应用就可以,所有安装完毕后需要重新启动子域控制器。

子域控制器安装完毕以后,可以回到第一台域控制器 WIN-Server-001 主机上的 DNS 中看到子域的主机名称和子域 DNS 名称 sub,如图 5-28 所示。

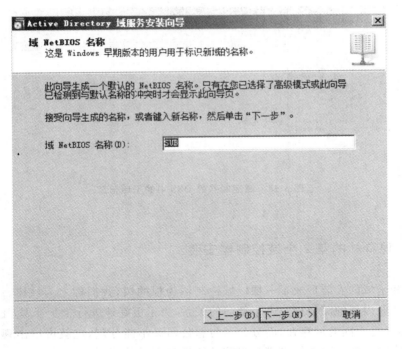

图 5-26　子域 NetBIOS 名称设置

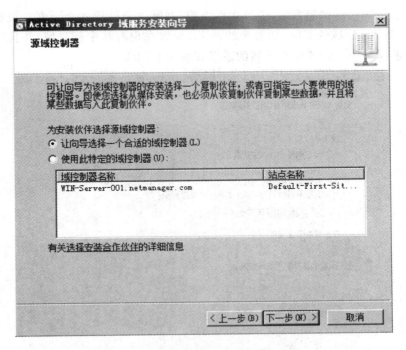

图 5-27　源域控制器设置

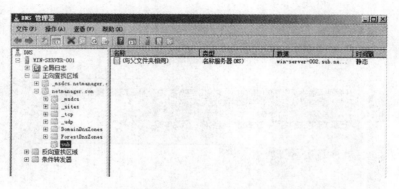

图 5-28　域控制器的 DNS 中的子域信息

5.1.4　现有林的第 2 个域控制器安装

域控制和子域的安装形成了一棵以域控制器为根的树,我们称之为域树。父域与子域的关系如同企业内部的总经理与各个部门的关系,为了更好地进行企业管理,比如对分公司的管理,就需要有不同的域存在,而分公司与总公司又不能分割,这就可以出现总公司与分公司的域组成的域林。现在就来进行当前林的第二个域的部署,需要依托第一个域控制器来生成域林。

按照设置子域控制器的方法,进行初步检测,判断连通性等各个要素。没有问题后,使用 dcpromo 命令进行域的安装,如图 5-29 所示,设置在现有林中新建域,并且勾选"新建域树根而不是新子域",一定要结合子域的设置理解这个选项。

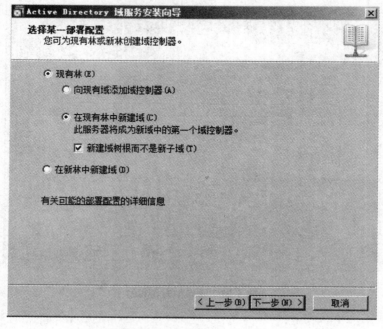

图 5-29　现有林第 2 个域的设置

点击"下一步",按照子域设置的方式默认进行后续操作,当打开图 5-30 所示,新设置第 2 个域的 FQDN 为 netmanager2.com。

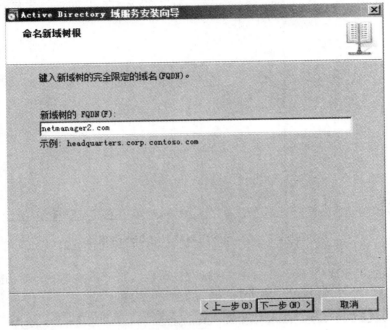

图 5-30 新域域根设置

后续操作采用默认设置,当弹出图 5-31 所示 DNS 设置时,需要特别注意。由于新的域也是新域的 DNS 服务器,所以需要默认安装 DNS 服务器,后续还需要与当前林的第 1 台域控制器建立联系,让域控制器能够找到第 2 个域,所以后续会做两个域的 DNS 关联设置。

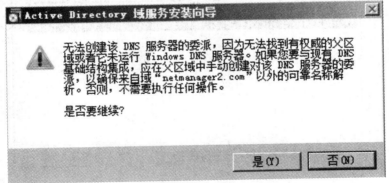

图 5-31 DNS 服务器设置

点击"是"以后,后续的安装都使用类似于子域安装的默认安装方式就可以了,最后完成重新启动。

现有林中的第 2 台域控制器安装完以后,还需要做与域控制器的 DNS 关联。在新安装好的第 2 台域控制器上打开 DNS 服务,如图 5-32 所示。

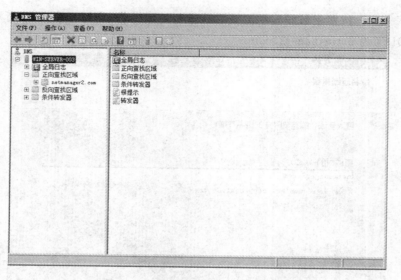

图 5-32　第 2 台域控制器上的 DNS 管理器

点击本机的名称 WIN-Server-003,右键点击"属性",打开图 5-33 所示。选择"转发器"标签,点击"编辑"按钮,打开图 5-34 所示,转发器解析信息。

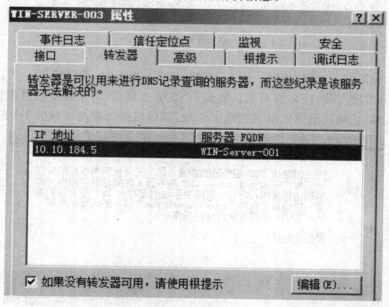

图 5-33　第 2 台域控制器属性

确定以后,点击图 5-32 中的第 2 台域控制器的域名 netmanger2.com,点击右键"属性",打开图 5-35,选择"区域传送"标签,选择"允许区域传送",并且设置"只允许到下列服务器",点击"编辑"按钮,打开图 5-36,单击添加 IP 地址为 10.10.184.5,即第 1 台域控制器地址,这时点击"确定"就可以返回了。

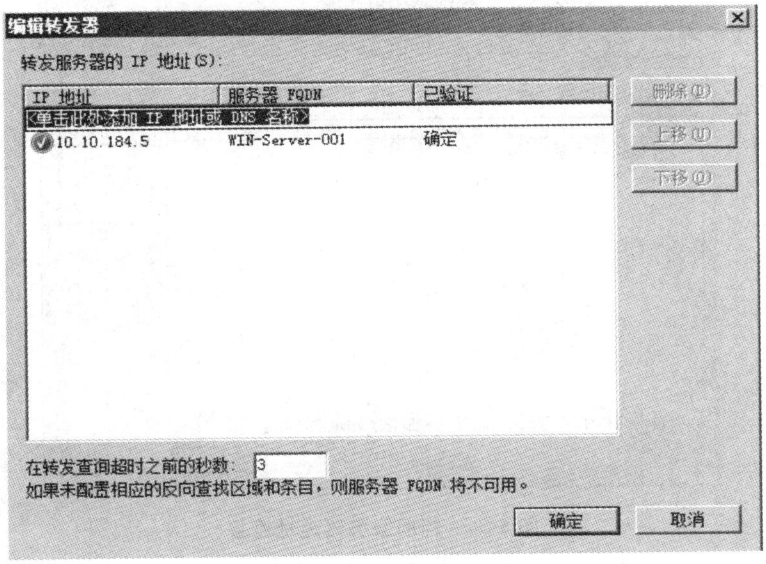

图 5-34　编辑转发器

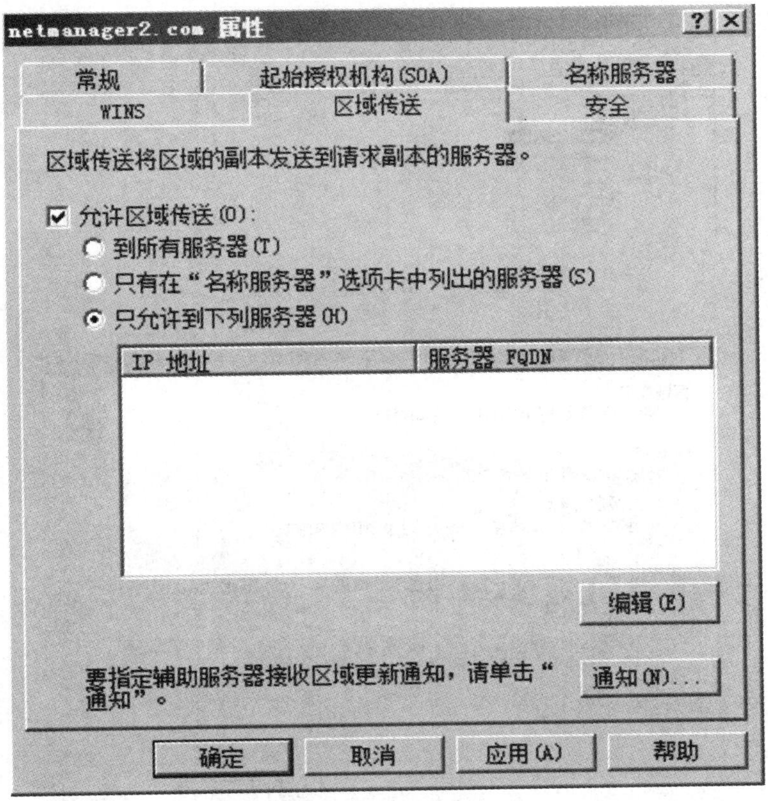

图 5-35　第 2 个域属性

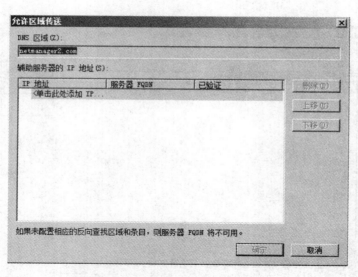

图 5-36 辅助服务器地址设置

在第 2 台域控制做好设置以后,进入第 1 台域控制器,打开 DNS 服务管理器,打开图 5-37,在"正向查找区域"点击右键"新建区域",进入图 5-38 所示区域类型设置,选择"辅助区域"。

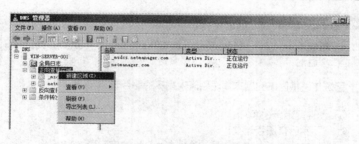

图 5-37 DNS 服务管理器

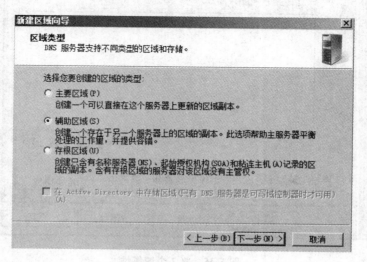

图 5-38 区域类型设置

点击"下一步",进入图 5-39,设置区域名称为 netmanager2.com,点击"下一步",进入图 5-40,输入主 DNS 服务器的地址为 10.10.184.7,然后默认点击"下一步",最后"完成"就新建好辅助区域了。

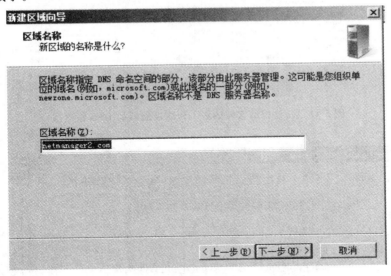

图 5-39　辅助区域名称设置

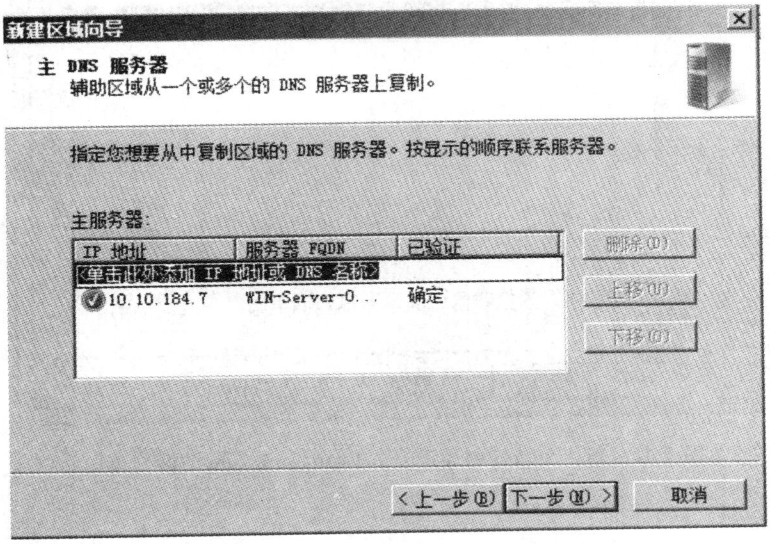

图 5-40　主 DNS 服务器地址设置

打开图 5-41 所示,点击"netmanager2.com",右键选择"属性",打开图 5-42 所示,选择区域传送,并添加第 2 台域控制器的 IP 地址 10.10.184.7 成为传送服务器。设置完毕以后,就完成了现有林中第 2 台域控制器的部署,使第 1 台域控制器与其子域从域树扩展为域林。

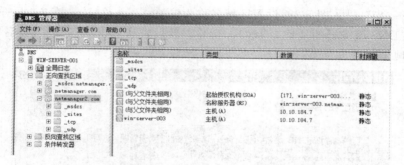

图 5-41 新建辅助区域的第 1 台域控制器的 DNS 管理器

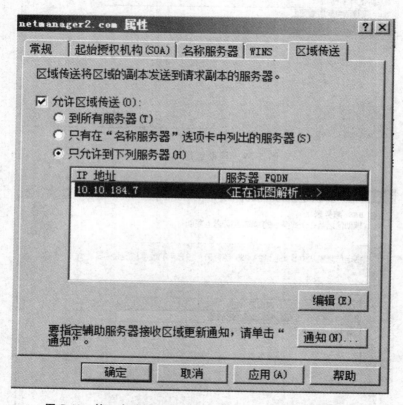

图 5-42 第 1 台域控制器设置 netmanager2.com 的区域传送

5.1.5 额外域控制器安装

为了防止由于域服务器本身故障导致的问题,一般会部署额外域控制器,作为主域控制器的副本,达到冗余的目的。在第 4 台服务器上使用 dcpromo 命令安装活动目录,步骤如同子域或者第 2 台域控制器的安装步骤,注意在如图 5-43 所示,选择"现有林"—"向现有域添加域控制器"。

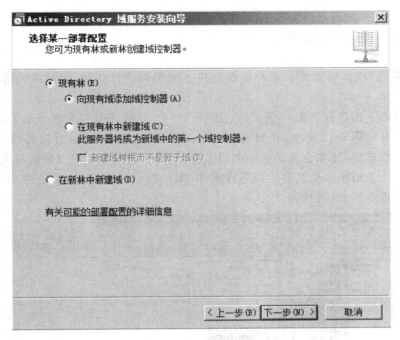

图 5-43 额外域控制安装选择

点击"下一步"以后,后续步骤与前面建立子域或者第 2 个域控制器的过程类似,直到打开图 5-44 所示,选择"通过网络从现有域控制器复制数据",后续采用前面类似的安装过程,就可以完成额外域控制器的部署。

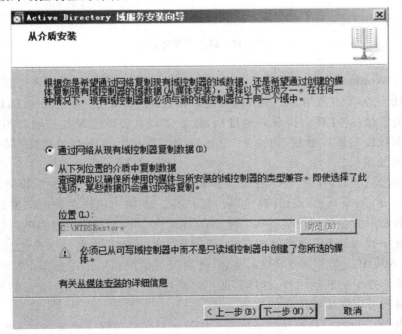

图 5-44 复制域控制器复制数据

5.1.6 客户机加入域中

域搭建完成以后,就需要给客户提供用户名和密码进行登录,这就需要进行域账户的添加。

在域控制器上用管理员账户登录,点击"开始"—"管理工具"—"Active Directory 用户和计算机",打开如图 5-45 所示,在域 netmanager 上创建用户,可以直接使用用户选项,也可以先创建组织单位,比如企业的某个部门名称,然后在该组织单位内创建相关用户。按照这个思路创建一个组织单位名称为网络技术部,用户姓名为张好,登录名为 user01,密码设置为一个符合强度要求的密码。

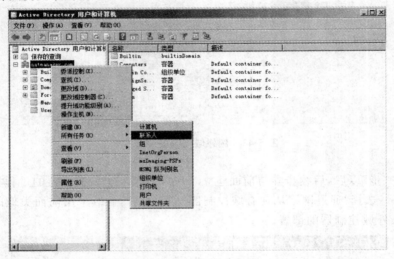

图 5-45 域用户和计算机

在客户机 Windows 7 上需要配置 IP 地址,在模拟阶段可以使用与域控制器在同一个网段的 IP 地址。为了方便给客户机分配地址,可以预先在域控制器上安装 DHCP 服务器,然后设置相关信息,这样客户机获得地址后,就能够很方便地实现与控制器的连通。保证 Windows 7 和域控制器连通后,再点击"开始"—"计算机",点击右键选择"属性",打开图 5-46 计算机属性窗口。

点击"更改设置",打开图 5-47 修改计算机名窗口,可以点击"更改",设置计算机域为 netmanager.com(图 5-48)。点击"确定"后,打开图 5-49 输入用户名和密码窗口,只需要输入前面创建的账户的登录用户名 user01@netmanager.com 和相应的密码就可以了。

经过验证一段时间后,会弹出图 5-50,说明客户机使用用户名和密码经过域控制器的验证,成功加入域中。点击"确定"要求重启,重启以后使用切换用户操作,可以看到除了本机的管理员账户登录的其他用户,选择其他用户就可以看到使用域用户登录的界面,这时使用域用户登录就可以完成域用户的应用。

如果使用 Windows XP 等其他系统进行同样的操作就可以完成域的加入操作。

图 5-46　Windows 7 计算机属性

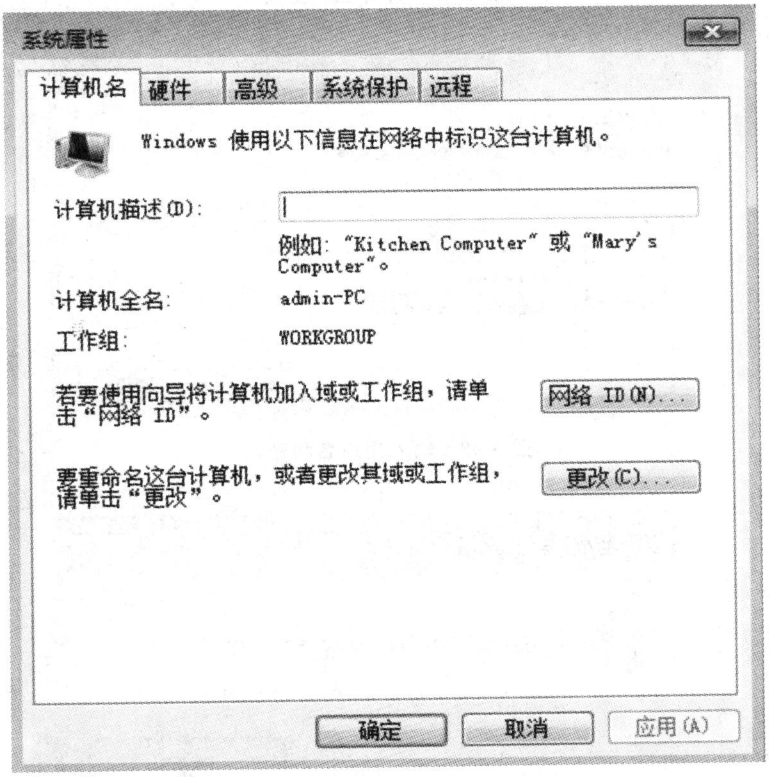

图 5-47　计算机系统属性—计算机名修改

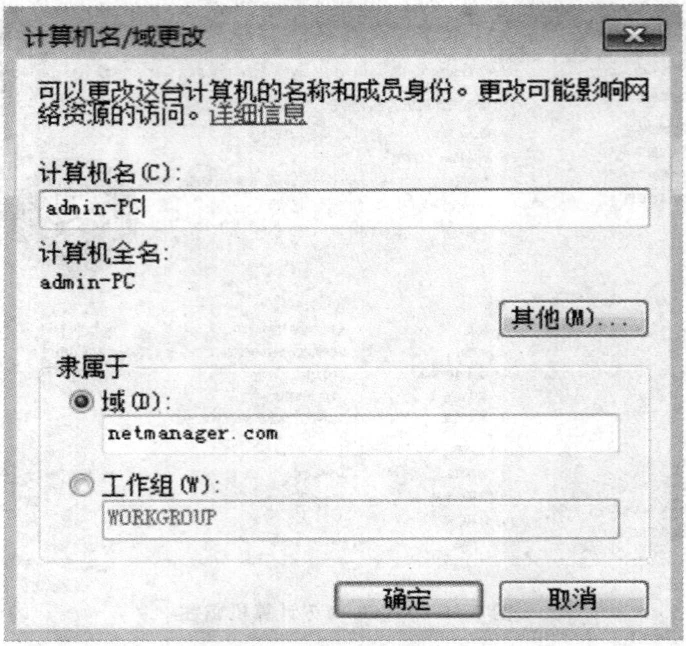

图 5-48　计算机名更改

图 5-49　输入用户名和密码

图 5-50　加入域成功

5.2 组策略的使用

组策略在运行 Windows Server 2008、Windows Vista、Windows Server 2003 和 Windows XP 的计算机上启用基于 Active Directory 的用户和计算机设置更改和配置管理。除了使用组策略为用户和计算机组定义配置以外,还可以配置很多服务器特定的操作和安全设置,以便使用组策略帮助管理服务器计算机。

5.2.1 组策略管理控制台(GPMC)

组策略管理在 Windows 域管理中占有重要地位,微软在 Windows 2008 中终于集成了一个非常好用的组策略管理工具——组策略管理控制台。点击"开始"—"管理工具"—"组策略"就可以打开图 5-51 所示窗口。

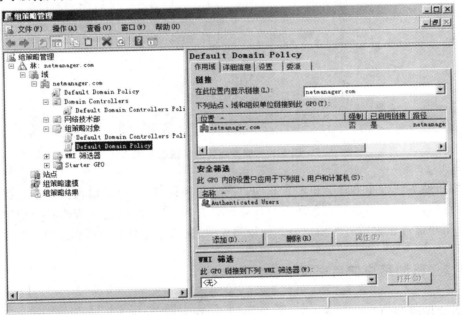

图 5-51 组策略管理控制台

GPMC 跨组织的多个林以统一的方式管理组策略的各个方面。可以使用 GPMC 管理网络中的所有 GPO、Windows Management Instrumentation(WMI)筛选器以及与组策略有关的权限。可以将 GPMC 视为主要的组策略访问点,GPMC 界面中提供了所有组策略管理工具。GPMC 包含一组用于管理组策略的可编脚本界面以及一个基于 MMC 的用户界面(UI)。

每个组策略实现的目标因用户位置、工作需要、计算机体验和企业安全要求而异。在某些情况下,您可能会从用户的计算机中删除一些功能以防止其修改系统配置文件(这可能会中断计算机运行),或者删除并非用户工作时必不可少的应用程序。在其他情况下,您可能会使用组策略配置操作系统选项、指定 Internet Explorer 设置或制订安全策略。

在使用组策略的时候,会看到基本的域控制器策略和域策略,用户可以根据用户的使用需求进行单独的组策略创建和设置。不管使用哪种对象都需要打开组策略编辑器进行设置,打开如图 5-52 所示,组策略管理编辑器。

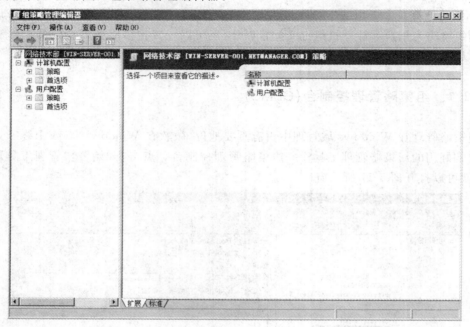

图 5-52　组策略管理编辑器

在组策略编辑器中有计算机配置和用户配置两种设置,用户可以根据需求选择相应的选项进行设置。计算机设置包含所有与计算机有关的策略设置,这些策略只会应用到计算机账户;用户设置包含所有与用户有关的策略设置,这些策略只会应用到用户账户。

5.2.2　限制用户使用未授权软件

在需要做限制的 OU 上点击右键,点击"新创建 GPO",或者在 Default Domain Policy 上点右键选择"编辑",进入属性设置页面,如图 5-52 所示。在用户配置中点开"策略"前的加号,然后找系统,就可以看到图 5-53 所示选项。

在"不要运行指定的 Windows 应用程序"上双击,打开图 5-54 所示,从"未配置"选为"已启用",然后点击"显示",如图 5-55 所示。QQ 是经常作为企业被控制的程序,在显示窗口中添加 QQ 程序运行的可执行文件 qqprotect.exe,防止客户机开启。这里特别要注意使用快捷方式底层的可执行文件名称,像现在的 QQ 就从原来的 qq.exe 变成了 qqprotect.exe。

做完设置以后,需要使用 gpupdate 命令进行组策略更新应用,可以打开域控制器的 MSDos,输入 gpupdate 更新。

更新完毕后需要在客户机上看效果,最好先在客户机上把域用户进行注销后重新登录,

图 5-53 用户配置之系统设置

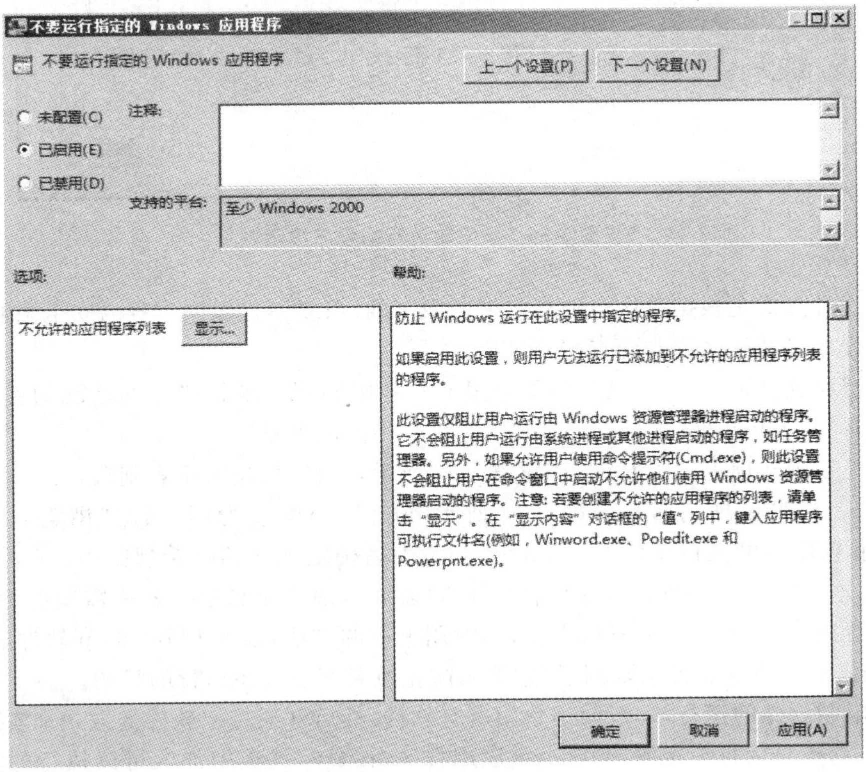

图 5-54 不要运行指定的 Windows 应用程序设置

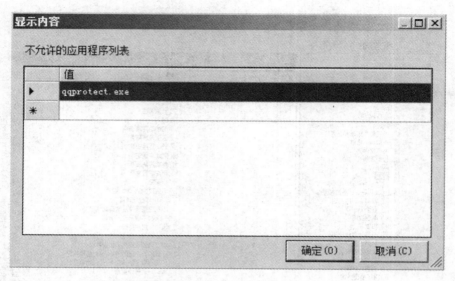

图 5-55　不允许应用程序设置

当运行 QQ，打开图 5-56，就说明应用成功。

图 5-56　被限制运行的程序提示

由于这种方式是根据程序名的指定来做限制的，只要不是程序本身的安全限制，我们只需要把主程序启动的名称改变，就又可以启动了。

为了避免这种情况，可以使用组策略里的软件限制规则来杜绝上面情况的发生。在图 5-57 中选择"Windows 设置"—"安全设置"—"软件限制策略"。

在其他规则选项上点击右键，打开图 5-58 所示，选择"新建哈希规则"。

点击"新建哈希规则"，打开图 5-59 所示，以 Photoshop 为例，点击"浏览"按钮，找到 Photoshop 软件的可执行文件 Photoshop. exe，然后确定加入到哈希规则中，安全级别选择"不允许"，这样应用后就把 Photoshop 软件给禁用了，前提是域控制器中需要有 Photoshop 软件。设置完毕以后，再在客户机上注销，就用上面的方法，改变 Photoshop 软件的名字，可以看到如图 5-59 所示软件被限制了，达到了防止改名字使程序运行的目的。

对于限制软件的运行，一般使用禁用所有软件，然后开通特定软件的方式来实现。如图 5-60 所示，选择只运行指定的 Windows 应用程序，在显示选项中加入可以执行的程序就可以了。对于企业办公应用要求来说，这个限定是有必要的，毕竟在企业办公时，特定的软件是比较少的。

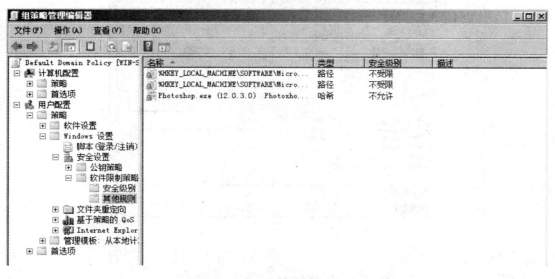

图 5-57 用户配置的软件限制策略

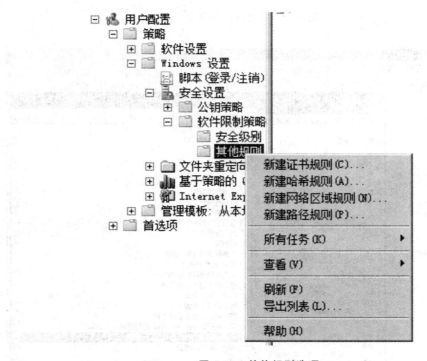

图 5-58 其他规则选项

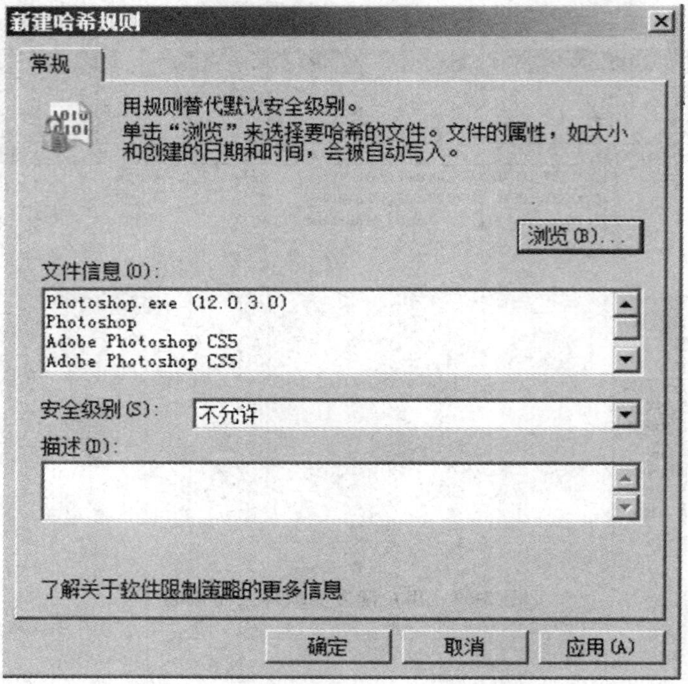

图 5-59 哈希规则设置

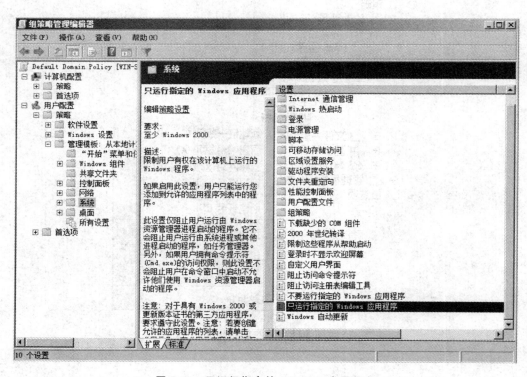

图 5-60 只运行指令的 Windows 应用程序

5.2.3 限制用户安装软件

域中有些用户具有 Power User 权限,而拥有该权限的用户是可以安装软件的,为了防止用户未经授权,自行安装软件,必须对用户做安装软件的限制。

打开"组策略编辑器",选择"用户配置"—"Windows 设置"—"安全设置"—"软件限制策略"—"安全级别",如图 5-61 所示。将默认的安全级别改为"不允许",如图 5-62 所示,使用 gpupdate 命令使组策略生效就可以了。

在客户机上做测试验证,需要把客户机做注销重新登录,登录以后当运行安装程序时,出现被策略阻止的提示就说明应用成功。

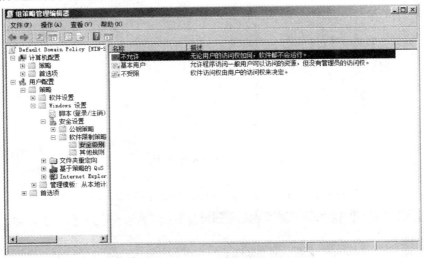

图 5-61　不允许软件安装

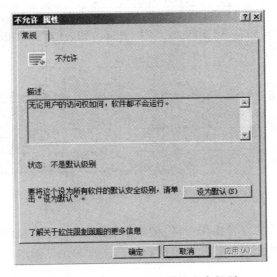

图 5-62　设置不允许为默认安全级别

5.2.4 限制用户使用默认主页

企业一般都要求员工登录网页的时候,首先要出现本企业的网站主页,这样有利于增强员工对企业的认知度,并且能够经常关心企业的发展历程及最新消息等。

与上面步骤类似,打开组策略编辑器,选择如图5-63所示,在URL的选项上做设置。

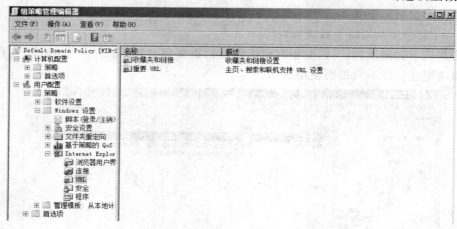

图 5-63　网页策略设置

双击"重要 URL",打开图5-64所示,并做图示中的设置。

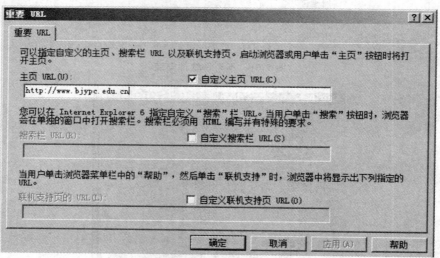

图 5-64　重要 URL 设置

应用完毕,像前面做的设置操作一样,做组策略的更新,客户机的注销操作,登录后就可以运行网页浏览器,这时会主动打开组策略设置的网页为浏览器的主页。

5.3 部署 Exchange

Exchange Server 是微软公司的一套电子邮件服务组件，是个消息与协作系统。简单而言，Exchange Server 可以被用来构架应用于企业、学校的邮件系统。Exchange 是收费邮箱，但是国内微软并不直接出售 Exchange 邮箱，而是将 Exchange、Lync、Sharepoint 三款产品包装成 Office365 出售。Exchange Server 还是一个协作平台。在此基础上可以开发工作流、知识管理系统、Web 系统或者是其他消息系统。

Microsoft Exchange 2010 提供的功能可以简化管理、保护通信并通过提高业务的移动性使用户满意，提高可靠性和性能。下载最新测试版软件时，系统自动注册以访问测试版资源。用户可以申请阳光互联 Exchange 2010 企业邮箱进行免费测试，体验 Exchange Server 2010 所带来的具体产品功能。

5.3.1 Exchange Server 的安装

安装 Exchange Server 其实是一个很折磨人的过程，需要用户有很强的耐心。在 Windows Server 2008 R2 上安装 Exchange 2010 前的准备与先决条件：①必须为域服务器或者加入域的成员服务器；②为 Windows 2008 Server R2 打上必要的补丁，这些补丁包括 Windows6.1-KB977020-v2-x64，Windows6.1-KB979099-x64，Windows6.1-KB979744-v2-x64，Windows6.1-KB982867-v2-x64，Windows6.1-KB983440-x64，Windows6.1-KB2550886-x64 以及 FilterPack64bit；③为 Windows 2008 Sever 安装像 IIS 等组件。这些都是 Exchange Server 所必需的。准备好 Exchange Server 安装盘就可以开始进行安装了。

安装开始，Exchange Serverde 基本界面如图 5-65 所示。步骤 1，2，3 都是灰色的表示这些步骤的内容已经准备好了，可以进行后续的安装。从第 4 步开始进行安装，点击步骤 4，就可以进行安装了，会打开图 5-66 所示复制相关文件的操作。

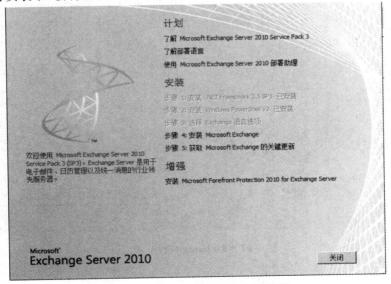

图 5-65　Exchange Server 安装界面

图 5-66　安装准备—复制项目

复制完必要的项目文件后,安装简介提示如图 5-67 所示,用户默认点击"下一步",打开图 5-68 所示许可协议要求,选择"接受",就可以进入下一步。图 5-69 显示用户是否加入微软的测试行列,向微软发布错误报告,可以选择"否"。

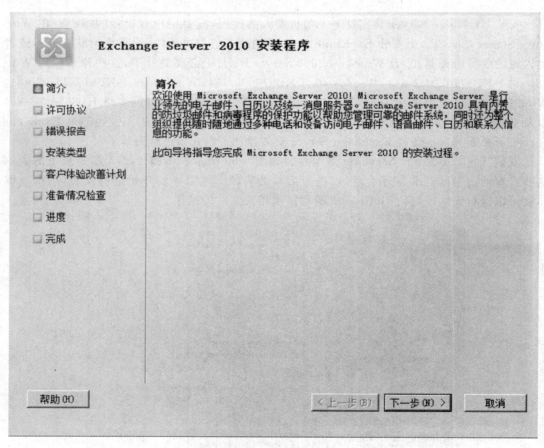

图 5-67　Exchange Server 简介

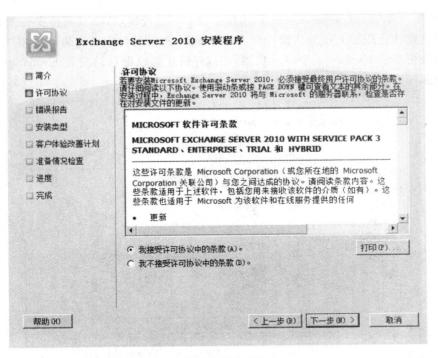

图 5-68　接受安装协议

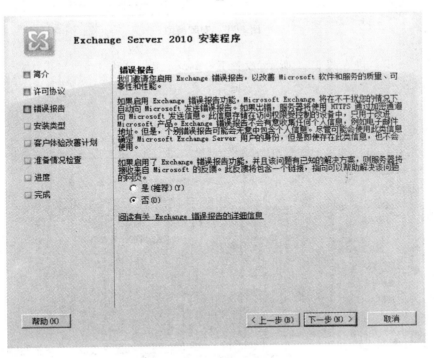

图 5-69　安装错误报告选择

点击"下一步"后,打开图 5-70 所示选择本地安装路径提示,以及两种安装方式:典型安装就是安装默认应用给的服务器组件和工具,另外一种就是自定义安装,根据需求选择除默认的应用外更多的 Exchange Server 功能,在选择时还可以把自动安装 Exchange 需要的角色和功能选项选上。

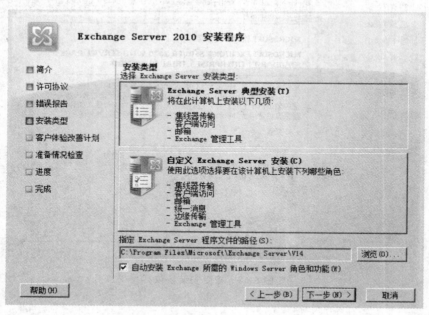

图 5-70　安装类型

点击"下一步",进入图 5-71 所示,设置 Exchange 组织名称。

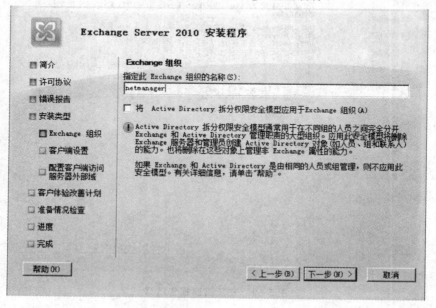

图 5-71　指定 Exchange 组织名称

设置好组织名称,点击"下一步",打开图 5-72 所示,提示客户端设置。微软的 Outlook 软件是比较经典的邮件客户端软件,可以让企业办公人员方便地收发邮件。在 Windows XP 系统中一般都集成了 Outlook 软件,但是在后续版本的 Windows 系统中就没有了,需要安装 Office 软件才能安装 Outlook,这个是需要注意的。

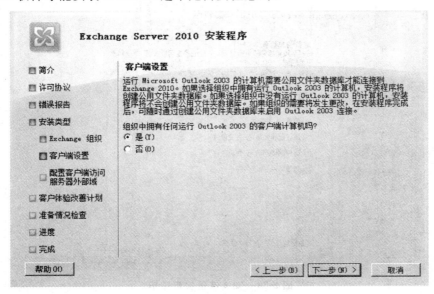

图 5-72　Outlook 客户端设置

后续默认点击"下一步",直到看到图 5-73 窗口,进行 Exchange 准备情况检查。这一步骤是最令安装用户头疼的步骤,但凡一步失败,就得去解决,否则不能安装,标示为感叹号的

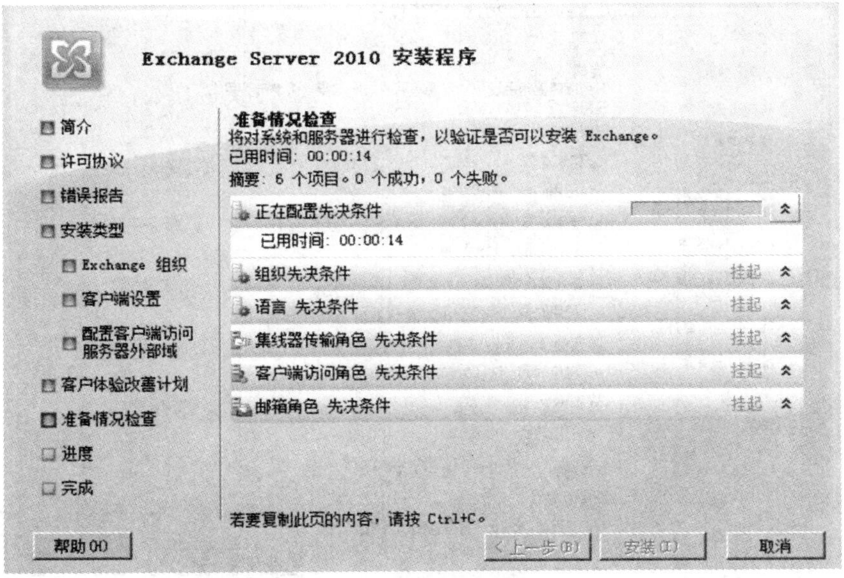

图 5-73　安装准备检查

项目,可以被忽略掉。在这里要注意前面提到的补丁是必须提前安装好的,否则会要求你安装好以后再进行后续的安装。当所有的失败都解决好以后,可以看到图 5-74 所示窗口,"安装"按钮才显示成可用状态。

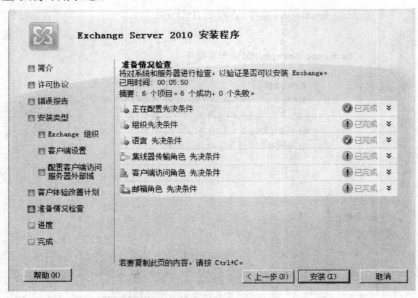

图 5-74　安装准备检查完毕

点击"安装"按钮,就可以进行 Exchange Server 的安装,这个过程需要域控制器和 Exchange Server 不能出问题,否则就不能安装,特别是对于域控制器的设置。安装完毕以后,显示如图 5-75 所示。

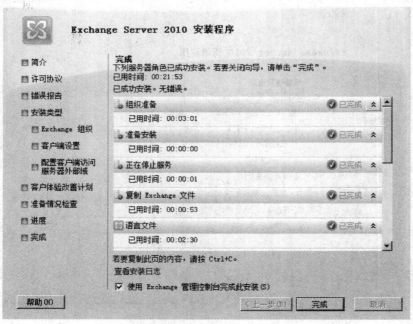

图 5-75　Exchange Server 安装完成

点击"完成"按钮,就可以打开图 5-76 所示 Exchange Server 的管理台,但是一般建议在这个时候重启一遍,再打开控制台。

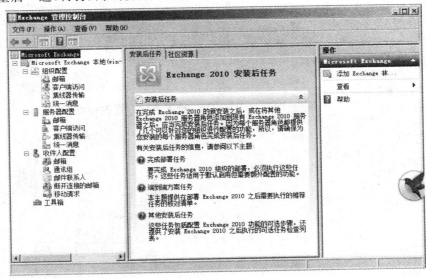

图 5-76 Exchange 管理控制台

5.3.2 Exchange Server 的邮箱设置

邮件服务器提供了邮件系统的基本结构,包括邮件传输、邮件分发、邮件存储等功能,以确保邮件能够发送到 Internet 网络中的任意地方。在做邮件服务器的设置时,需要把发邮件和接收邮件的服务设置做好。

打开管理控制台,在组织配置栏内点击"集线器传输",右键打开如图 5-77 所示。选择"新建发送连接器",打开如图 5-78 所示,设置连接器名称。

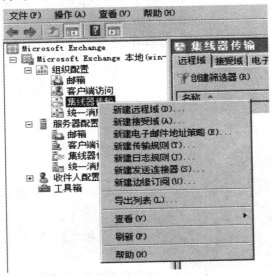

图 5-77 组织配置—新建发送连接器

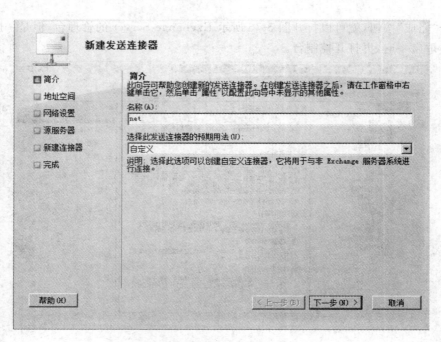

图 5-78 新建发送连接器

点击"下一步"后打开如图 5-79 所示,点击添加就看到要求定义 SMTP 地址空间和自定义地址空间选项,选择 SMTP 地址空间。这个选项设置的就是发送邮件使用的基本协议 SMTP(simple mail transfer protocol),在图 5-80 所示中使用通配符 * 设置。

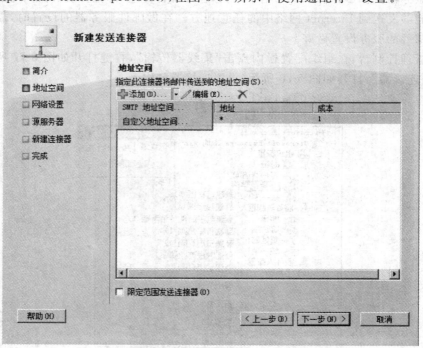

图 5-79 新建发送连接器地址空间设置

图 5-80 SMTP 地址空间设置

设置完毕后,点击"下一步",就打开图 5-81 窗口,网络设置选择"使用域名系统的 MX 记录自动传送邮件",MX 记录是进行不同域名传送的设置。

MX(mail exchanger)记录是邮件交换记录,它指向一个邮件服务器。在用户发送邮件时,"SMTP 发送服务器"根据收信人的域名(邮箱地址后缀)来定位收件人的邮件服务器。例如,当 Internet 上的某用户要发一封信给 user@yourdomain.com 时,该用户的邮件系统通过 DNS 查找 yourdomain.com 这个域名的 MX 记录。如果 MX 记录存在,发件方邮件服务器最终就将邮件发送到 MX 记录所指定的邮件服务器上;反之会因找不到收件方服务器而退信。

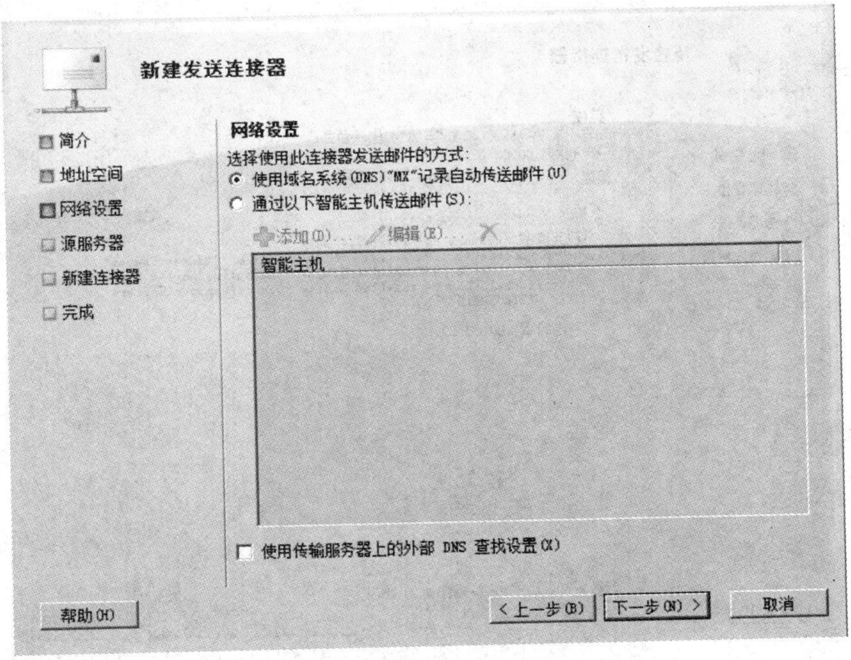

图 5-81 发送连接器的网络设置

点击"下一步"就可以看到源服务器提示，如图 5-82 所示。

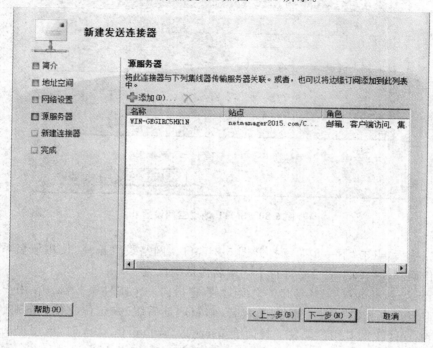

图 5-82　发送服务器的源服务器

点击"下一步"，按照提示，默认应用就可以打开图 5-83 所示发送服务器设置完成的提示。

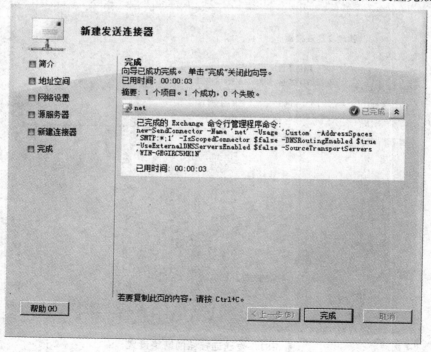

图 5-83　发送服务器设置完成

设置完发送服务器后，邮件系统还需要有接收服务器，这就需要在服务器配置选项上选择集线器传输，如图5-84所示。

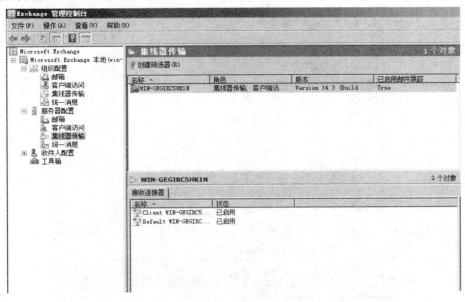

图 5-84　接收服务器的选择

双击"Client"，在身份验证和权限组上做好设置，如图5-85，图5-86所示。

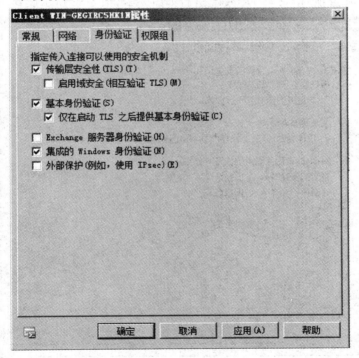

图 5-85　Client 身份验证

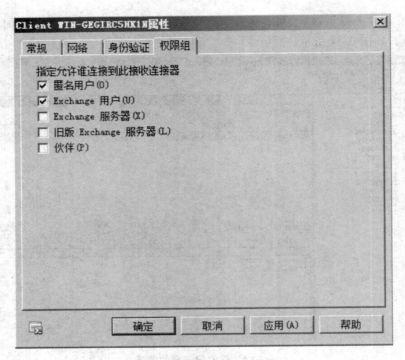

图 5-86 Client 权限组设置

设置好 Client 选项后，双击"Default"进行如图 5-87，图 5-88 所示设置。

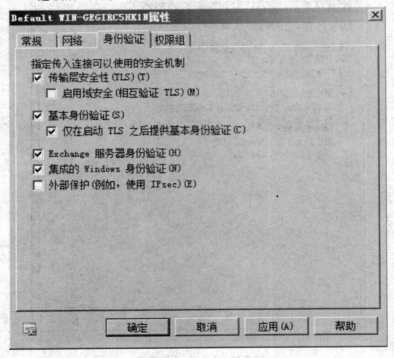

图 5-87 Default 身份验证设置

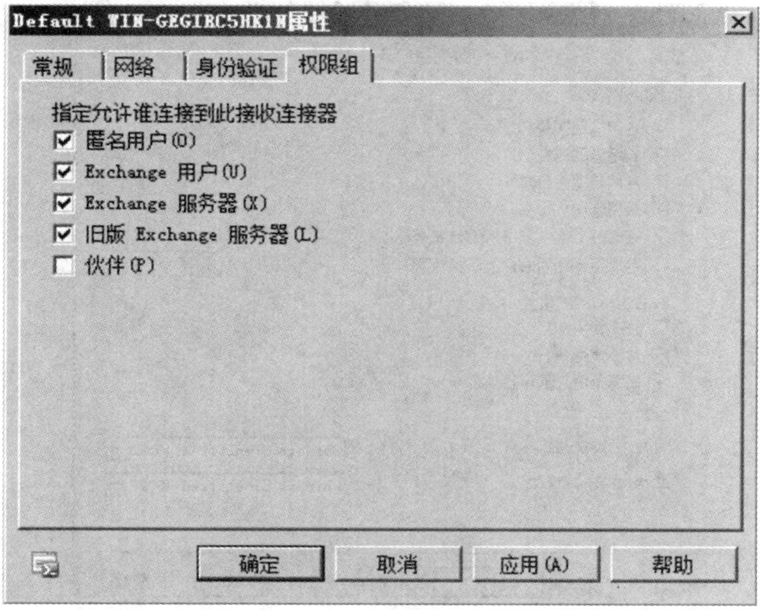

图 5-88　Default 权限组设置

设置好以后，还需要返回组织配置—集线器传输，点击远程域，双击"Default"，打开图 5-89，设置"允许外部外出邮件和旧版外出邮件"，并在邮件格式上做一些设置，如图 5-90 所示。

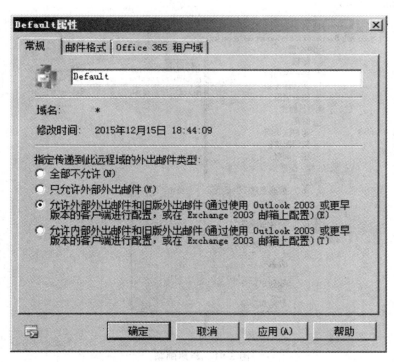

图 5-89　远程域 Default 属性

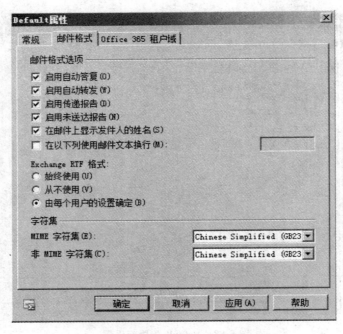

图 5-90 远程域 Default 属性—邮件格式

发送邮件服务器和接收邮件服务器设置好以后,就需要打开图 5-91 所示,创建新邮箱操作。这里新建多个用户邮箱进行调试,建立两个邮箱账号 zhanghao@netmanger.com,lihao@netmanager.com。

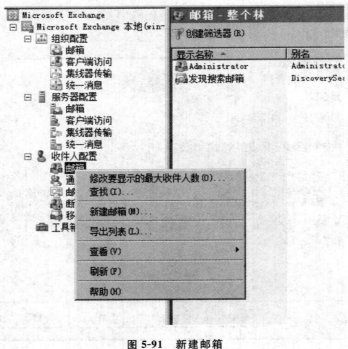

图 5-91 新建邮箱

5.3.3 发邮件测试

在 Windows 7 系统下打开 IE 浏览器,在地址栏内输入 https://10.10.184.5/owa,就可以打开图 5-92 所示界面,在其中输入前面建立好的邮箱账号,就可以登录进入邮箱界面中。登录以后在前面建立的两个邮箱账号间互相发送一封邮件,然后各自登录,看到对方的邮件就证明成功了。

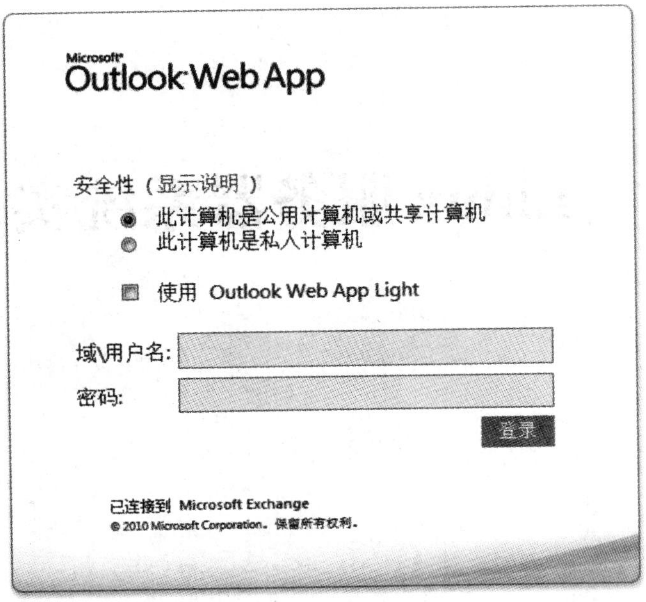

图 5-92 客户机连接到邮件服务器

Chapter 6

Linux 服务器系统实训

> 随着虚拟化、云平台等开源技术的应用，Linux 服务器系统在 IT 行业里已经占据了非常大的份额，这样带来的就是对于 Linux 服务器的运维人员的大量需求，而且现在很多开发平台都在这一开源免费平台上应用，因此需要关注这一市场急需的职位。下面就以常用的红帽系列 Linux 平台来进行实训。

6.1 CentOS 7 服务器实训

CentOS(community enterprise operating system,社区企业操作系统)是 Linux 发行版之一,它是来自 Red Hat Enterprise Linux 依照开放源代码规定释出的源代码经编译而成的。由于出自同样的源代码,因此有些要求高度稳定性的服务器以 CentOS 替代商业版的 Red Hat Enterprise Linux 使用。两者的不同在于 CentOS 并不包含封闭源代码软件。

CentOS 是一个工业标准的 Linux 发行版,是红帽企业版 Linux 的衍生版本,通常企业在生产环境使用最小化安装,当用户安装完后马上就可以使用,但是为了更好地使用,需要进行一些升级,安装新的软件包,配置特定服务和应用程序等操作。

6.1.1 最小化 CentOS 7 基本管理配置

对于 Linux 的学习,最好的方式就是使用虚拟机系统,像 VMware Workstation 和 VirtualBox 都是比较好的软件,在这里使用 VMware Workstation(后续简称 VM)来安装 CentOS7 系统,安装过程使用最小化安装的方式。

安装好一个最小化的 Linux 系统后,需要调整一下 VM 的网络设置参数。要与宿主机进行联系,就需要使用桥接的方式连接网络,这样虚拟机和客户机就可以很容易地直接通过网络地址实现连接,另外也可以很方便地与宿主机共享网络应用。另外,管理 Linux 最好的方式就是利用 Linux 系统安装后开放的 SSH 服务,我们可以通过终端调试软件进行管理操作,这些软件在网络应用中经常使用,如 PUTTY、SSH Client、SecureCRT 等,但是要想通过 SSH 协议远程访问安装的 Linux 系统,第一件要做的事情就是为你的 CentOS 服务器配置静态 IP 地址,为了让 CentOS 能够利用共享的网卡上网,还需要配置网关和 DNS。

使用 root 用户进入 CentOS 系统,使用 IP ADDR 命令,查看网络的 IP 地址。CentOS 7 使用 IP 命令代替 ifconfig 命令,很多习惯使用老版本的用户会觉得不方便,这里可以使用配置本地 YUM 源的方式安装网络工具 net-tools,安装好以后就可以使用 ifconfig 命令了。

YUM 源可以使用本地 CentOS 安装光盘,也可以使用网络上比较好的 YUM 源。这里先使用 vi 编辑器把 IP 地址进行更新。在应用中会发现没有以前版本的 eth0、eth1 等网卡名称,取而代之的是 en016777736 这样的网卡名称(图 6-1),这个是现在实际应用的网卡,需要对它进行 IP 地址配置。

打开网卡设置如图 6-2 所示,根据网络连接的实际情况进行设置,通常 Linux 都是作为服务器来应用的,所以一般把 BOOTPROTO=dhcp 项目通过加"#"注销掉或者改成 static,另外在后面添加地址信息,涉及 IPADDR、NETMASK、GATEWAY、DNS 等参数。保存应用,使用命令 service network restart 重启网络服务,这样就可以利用终端软件,直接在宿主机上远程管理 CentOS 了,建议使用小巧的、免费的开源软件 PUTTY。

对于很多在院校上网需要使用认证的用户,建议在安装 CentOS 的时候使用桌面安装,可以在安装 GNOME 桌面的时候安装 Firefox 浏览器,否则要想连接网络可就比较费劲了。实在不行,配置好 YUM 本地源自行安装桌面。

```
[root@localhost ~]# vi /etc/sysconfig/network-scripts/if
ifcfg-eno16777736    ifdown-post       ifup-bnep      ifup-ppp
ifcfg-lo             ifdown-ppp        ifup-eth       ifup-routes
ifdown               ifdown-routes     ifup-ib        ifup-sit
ifdown-bnep          ifdown-sit        ifup-ippp      ifup-Team
ifdown-eth           ifdown-Team       ifup-ipv6      ifup-TeamPort
ifdown-ib            ifdown-TeamPort   ifup-isdn      ifup-tunnel
ifdown-ippp          ifdown-tunnel     ifup-plip      ifup-wireless
ifdown-ipv6          ifup              ifup-plusb
ifdown-isdn          ifup-aliases      ifup-post
```

图 6-1　打开网卡设置

```
TYPE=Ethernet
#BOOTPROTO=dhcp
DEFROUTE=yes
PEERDNS=yes
PEERROUTES=yes
IPV4_FAILURE_FATAL=no
IPV6INIT=yes
IPV6_AUTOCONF=yes
IPV6_DEFROUTE=yes
IPV6_PEERDNS=yes
IPV6_PEERROUTES=yes
IPV6_FAILURE_FATAL=no
NAME=eno16777736
UUID=2ea882ec-1685-495b-9504-cf4ebe239a57
DEVICE=eno16777736
ONBOOT=yes
IPADDR=10.10.184.30
NETMASK=255.255.255.0
GATEWAY=10.10.184.1
DNS=10.10.8.4
```

图 6-2　网卡 IP 地址设置

CentOS 要与网络连接还需要配置 DNS,这就需要管理/etc/resovle.conf,在文件中添加一条信息 nameserver 10.10.8.4,这样就可以通过域名解析进行网络访问了。这里要注意的是,如果网络连接需要身份认证,一定要通过浏览器进行身份认证,才可以访问网络,后续配置的网络 YUM 源才能工作。

6.1.2　YUM 配置与管理

YUM(全称为 yellow dog updater,modified)是一个在 Fedora 和 RedHat 以及 CentOS 中的 Shell 前端软件包管理器。基于 RPM 包管理,能够从指定的服务器自动下载 RPM 包并且安装,可以自动处理依赖性关系,并且一次安装所有依赖的软件包,无须烦琐地一次次下载、安装。YUM 可以检测软件间的依赖性,并提示用户解决,将发布的软件放到 YUM server,然后分析这些软件的依赖关系,然后将软件相关性记录成列表。当客户端有软件安装请求时,YUM 客户端在 YUM 服务器上下载记录列表,然后通过列表信息与本机 rpm 数据库已安装软件数据对比,明确软件的依赖关系,能够判断出哪些软件需要安装。

列表信息保存在 YUM 客户端的/var/cache/yum 中,每次 YUM 启动都会通过校验码与 YUM 服务器同步更新列表信息。使用 YUM 需要有 yum repositories,用来存放软件列表信息和软件包。YUM repositories 可以是 http 站点、ftp 站点、本地站点。

路径格式:

ftp://hostname/PATH/TO/REPO　　REPO 指 repodata 所在路径的父目录

http://hostname/PATH/TO/REPO

file:///PATH/TO/REPO

如果网络连接没有问题,就可以进行 YUM 源的设置,通常利用本地安装光盘作为起始的 YUM 源。

这里可以进入到/etc/yum.repos.d 目录下,创建本地 YUM 源文件 CentOS-Local.repo,如图 6-3 所示,也可以更新网络 YUM 源。

```
[local.repo]
name=local
baseurl=file:///mnt/cdrom
gpgcheck=0
enabled=1
```

图 6-3　本地 YUM 源

创建本地 YUM 源必须把本地光盘挂载到 file 指定的目录下,否则就会出问题。像本例中的路径/mnt/cdrom,就需要事先使用 mkdir 命令创建,然后使用 mount 命令挂载到这个路径下。做好本地 YUM 源以后,可以把常用的 wget 工具安装上,就可以很好地获得网络资源。

通常网络的 YUM 源能够提供最新的常用软件,所以配置网络 YUM 源是一种好的选择,特别是国内的 YUM 源。网易(163)YUM 源是国内最好的 YUM 源之一,无论是速度还是软件版本,都非常的不错。将 YUM 源设置为 163YUM,可以提升软件包安装和更新的速度,同时避免一些常见软件版本无法找到。

首先备份/etc/yum.repos.d/CentOS-Base.repo,备份命令为 mv /etc/yum.repos.d/CentOS-Base.repo /etc/yum.repos.d/CentOS-Base.repo.backup,然后使用 wget http://mirrors.163.com/.help/CentOS7-Base-163.repo,获取 YUM 配置文件,先使用 YUM clean all 清除缓存,再使用 YUM makecache 进行更新重载缓存。除了网易之外,国内还有其他不错的 YUM 源,比如中科大和搜狐的。大家可以根据自己的需求下载中科大的 YUM 源,搜狐的 YUM 源 wget http://mirrors.sohu.com/help/CentOS-Base-sohu.repo。

6.1.3　安装网页工具

大部分情况下,尤其是在生产环境中,通常用没有 GUI 的命令行安装 CentOS,在这种情况下必须有一个能通过终端查看网站的命令行浏览工具。为了实现这个目的,我们打算安装名为"links"的著名工具。可以直接使用"yum install links"安装,在安装完以后,可以使用 links + 网址的方式链接查看网页信息。

Linux 一般是作为服务器来使用的,不管怎么样,Web 服务是首选,一般都会把网站服务器工具 Apache 安装上。可以使用"yum install httpd"命令,把 Apache 安装成功,安装好以后,可以使用前面的 links 工具测试一下。输入 links 127.0.0.1,这时你会碰到 refuse(拒绝)的提示,这就需要考虑 Linux 的防火墙 Firewall。在 CentOS 7 以后使用 Firewall 作为防火墙,不再使用 iptables,如果习惯用 iptables,那只能自行安装 iptables,并配置放行 http 协议了。

一般 http 协议使用 80 端口提供服务,这里可以在防火墙上设置允许 http 服务通过,使用命令 firewall-cmd-add-service=http。如果更改了 http 协议的端口号,需要编辑文件/etc/httpd/conf/httpd.conf,并把 LISTEN 后的端口号做更改,再使用 firewall-cmd-permanent-add-port=端口号/tcp 的方式加载,再重新加载防火墙。所有步骤做完以后,重启 Apache HTTP 服务,使用命令"systemctl restart httpd.service",这时再使用 links 127.0.0.1 命令就可以打开如图 6-4 所示。

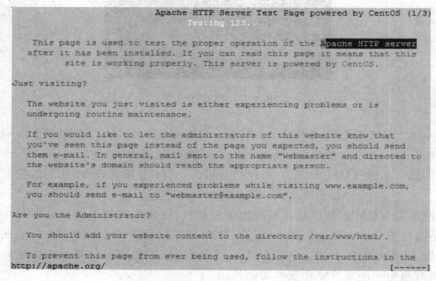

图 6-4　links 连接打开 HTTP 服务

但是在这种情况,使用宿主机的浏览器还是无法打开虚拟机的 HTTP 服务,这时需要明确此时防火墙工作的区域,如果是在默认区域工作,需要配置防火墙的用户配置文件/etc/firewalld/zones/public.xml,打开并如图 6-5 所示做好 HTTP 服务的设置。

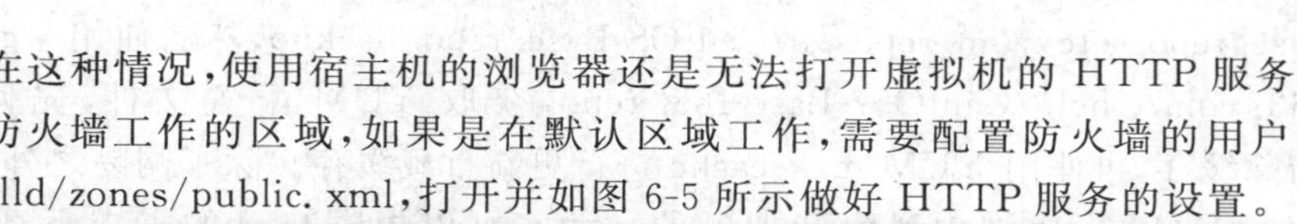

图 6-5　防火墙用户区域文件配置

使用 firewall-cmd-reload 命令和 systemctl restart httpd.service 命令重新加载防火墙和 HTTP 服务。这时就可以在宿主机上使用浏览器访问虚拟机的 Apache HTTP 服务了，如图 6-6 所示。

为了让 Apache HTTP 服务能够随着系统的启动而启动，需要使用 systemctl start httpd.service 和 systemctl enable httpd.service 命令。

图 6-6 其他客户机访问 HTTP 服务器

6.1.4 安装 PHP 和 MariaDB 数据库

PHP 是用于 Web 基础服务的服务器端脚本语言。它也经常被用作通用编程语言。在最小化安装的 CentOS 中使用 YUM 安装 PHP，安装完 PHP 之后，使用 systemctl restart httpd.service 确认重启 Apache 服务，以便在 Web 浏览器中开启 PHP。

在/var/www/html 路径下使用 vi 创建或者使用命令 echo -e "<? php\nphpinfo();\n? >" > /var/www/html/phpinfo.php，这时可以使用 links 127.0.0.1/phpinfo.php 来加载，或者使用宿主机的浏览器来浏览，如图 6-7 所示。

MariaDB 是 MySQL 的一个分支。RHEL 以及它的衍生版已经从 MySQL 迁移到 MariaDB。这是一个主流的数据库管理系统，也是一个你必须拥有的工具。不管你在配置怎样的服务器，或迟或早你都会需要它。在最小化安装的 CentOS 上安装 MariaDB，使用 YUM 来安装 yum install mariadb-server mariadb，安装完以后，使用 systemctl start mariadb.service 和 systemctl enable mariadb.service 命令设置 MariaDB 开机时自动启动。

使用 firewall-cmd --add-service=mysql 设置允许防火墙通过，这里要注意如果你的 MariaDB 只用在本机，则务必不要设置防火墙允许通过。使用 UNIX Socket 连接你的数据库，如果需要在别的服务器上连接数据库，则尽量使用内部网络，而不要将数据库服务暴露在公开的互联网上。

另外需要设置 MySQL 的管理密码加强 MariaDB 服务器安装，使用/usr/bin/mysql_secure_installation，打开密码修改提示，默认情况是没有密码，直接敲回车就可以了，后续根

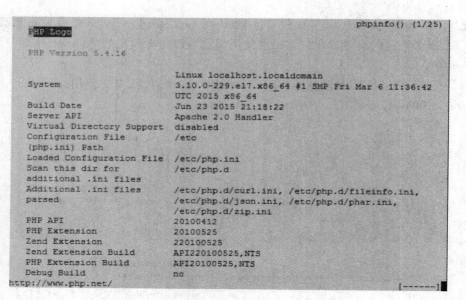

图 6-7　PHP 测试

据提示来完成数据库服务器安全操作。

数据库安装完毕，可以使用 mysql-u root-p 命令进入数据库并进行查看。

6.1.5　安装基本工具和服务

Linux 一般都是作为服务器来应用的，所以需要安装一些基本的工具和服务。

(1)SSH 即 Secure Shell，是 Linux 远程管理的默认协议。SSH 是随最小化 CentOS 服务器中安装运行的最重要的软件之一，所以要通过登录应用等更改加强安全性。通过编辑修改/etc/ssh/ssh_config 文件可以设置只运行安全性更高的第 2 版本的 SSH 协议，因为 SSH v1 是过期废弃的不安全协议。

另外就是取消 SSH 中的 root login，只允许通过普通用户账号登录后才能使用 su 切换到 root，以进一步加强安全。打开并编辑配置文件/etc/ssh/sshd_config 并更改 PermitRootLogin yes 为 PermitRootLogin no。

最后重启 SSH 服务启用更改，使用命令 systemctl restart sshd.service。这样的 SSH 服务就有了基本的安全性。

(2)GCC(GNU compiler collection，GNU 编译器套件)，是由 GNU 开发的编程语言编译器。它是以 GPL 许可证所发行的自由软件，也是 GNU 计划的关键部分。GCC 原本作为 GNU 操作系统的官方编译器，现已被大多数类 Unix 操作系统(如 Linux、BSD、Mac OS X 等)采纳为标准的编译器，GCC 同样适用于微软的 Windows。GCC 是自由软件过程发展中的著名例子，由自由软件基金会以 GPL 协议发布。

GCC 原名为 GNU C 语言编译器(GNU C compiler)，因为它原本只能处理 C 语言。GCC 很快地扩展，变得可处理 C++。后来又扩展能够支持更多编程语言，如 Fortran、Pascal、Objective-C、Java、Ada、Go 以及各类处理器架构上的汇编语言等，所以改名 GNU 编译器套件(GNU compiler collection)。

　　GCC 是 Linux 上很多软件调试的基本编译器，可以通过使用 yum 安装，基本命令为 yum install gcc，安装完毕可以使用 gcc-version 查看版本号。

　　(3)Java 是一种通用的、基于类的、面向对象的编程语言，是很多以 Java 应用为基础的软件的基本工具，为了后续应用的方便，建议安装上，使用 yum install java 命令来安装。安装好以后，可以使用 java-version 查看版本号。

　　一般在安装 Java 工具的时候最好使用 rpm-qa | grep java 命令，查看系统安装的 Java 的情况。如果想要安装最新的 jdk，最好使用 yum remove java * 命令把所有有关 Java 的安装内容都给卸载掉。对于使用 yum 命令重新安装，到目前为止，Java 1.8 是最新的版本，就可以使用 yum list | grep java 查看一下 yum 源中的所有 Java 安装包，然后使用 yum install java-1.8 * 这样的命令把 Java 1.8 重新安装到系统中，另外就是可以使用 Javac 命令查看 Java 安装的相关工具，如果 Javac 命令能够有相应内容说明 Java 的安装配置就没有问题了。

　　(4)Tomcat 是由 Apache 设计的用来运行 Java HTTP web 服务器的 servlet 容器，现在很多网站都使用 JSP，这就可以使用 Tomcat 作为服务器组件。但是安装 Tomcat 必须事先安装 Java，而且不建议使用 yum install tomcat 命令安装，这样安装以后会有很多问题，建议使用下载 Tomcat 源码压缩文件的形式，Tomcat 的下载可以使用 wget 命令，wget http://apache.opencas.org/tomcat/tomcat-7/v7.0.67/bin/apache-tomcat-7.0.67.tar.gz，在适当的位置进行网络下载。

　　下载以后，使用 tar -zxvf apache-tomcat-7.0.67.tar.gz 命令解压缩，只需在解压缩的目录下找到 bin/startup.sh 运行，就可以启动 Tomcat。

　　由于 Tomcat 服务默认使用 8080 端口号，需要在 CentOS 的防火墙应用上打开 8080 端口。使用命令 firewall-cmd --zone=public --add-port=8080/tcp-permanent，设置完毕以后，需要重新加载防火墙，firewall-cmd-reload。

　　这时使用 links 127.0.0.1:8080 命令就可以打开 Tomcat 的页面窗口，或者像前面使用 Apache HTTP 应用一样，在宿主机的浏览器中输入服务器地址(8080 的形式)，打开 Tomcat 的页面(图 6-8)，说明 Tomcat 安装成功。

　　(5)VSFTPD 全称 very secure file transfer protocol daemon，是用于类 Unix 系统的 FTP 服务器。它是现今最高效和安全的 FTP 服务器之一。

　　可以使用 yum install vsftpd 命令安装，安装完毕要对 /etc/vsftpd/vsftpd.conf 进行相关配置。对于 vsftp 服务需要查看是否启动，使用 systemctl start vsftpd 命令开启 vsftp 服务。对于 vsftp 的状态要进行查看，使用 systemctl status vsftpd 命令，如图 6-9 所示表示 vsftp 服务运行正常。

　　在 vsftp 服务运行正常的状况下，需要对 selinux 进行设置，通过命令 getsebool -a | grep ftp 查看状态，如图 6-10 所示。

　　只有 ftp_home_dir,ftpd_connection_db 两个 boolean 变量设为 true 时，才可以进行 ftp 的访问。可以通过命令 setsebool -P ftp_home_dir 1 和 setsebool - P ftpd_connect_db 1 设置。

　　另外就需要在 CentOS 7 的防火墙中设置，让 21 号端口通过默认区域的防火墙，使用命令 firewall-cmd --zone=public --add-port=21/tcp-permanent 在配置文件中加入放行端口，

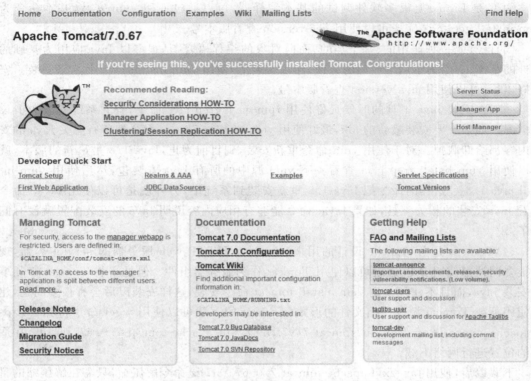

图 6-8 Tomcat 页面

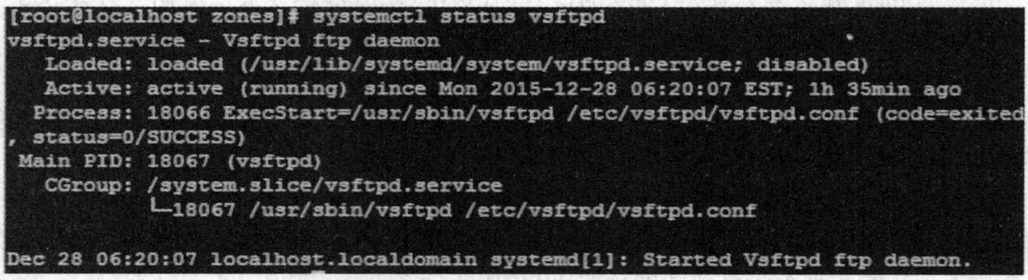

图 6-9 vsftp 运行状态

重载防火墙 firewall-cmd-reload。

当这些设置完了,可以使用 systemctl restart vsftpd 重启 ftp 服务,然后到宿主机上使用 ftp 命令连接 vsftp 服务,如图 6-11 所示说明基本服务已经可以连接,有待深入讨论 vsftp 的应用了。

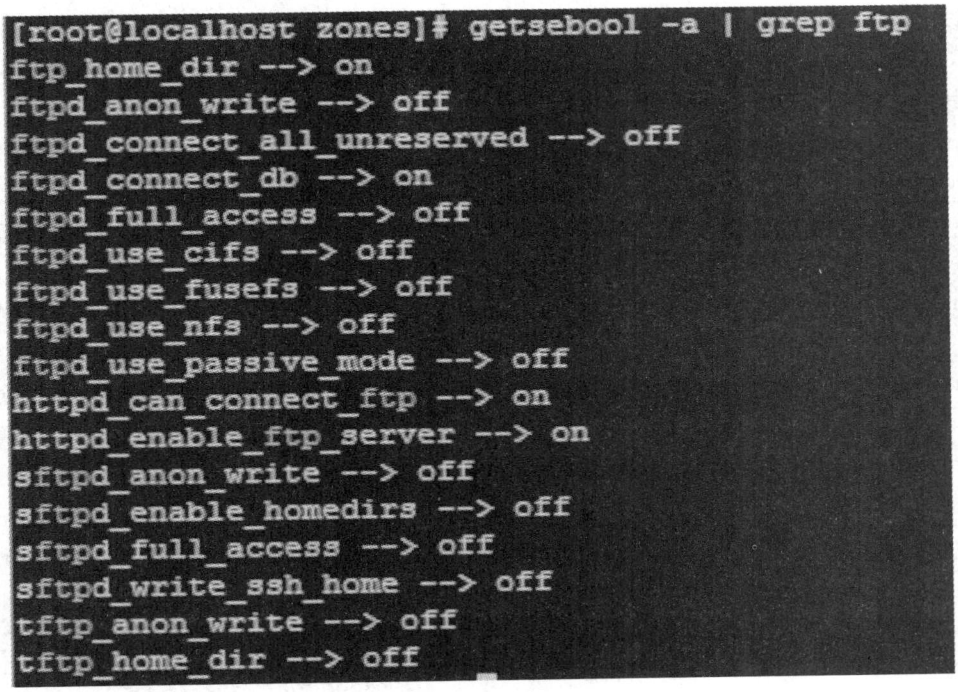

```
[root@localhost zones]# getsebool -a | grep ftp
ftp_home_dir --> on
ftpd_anon_write --> off
ftpd_connect_all_unreserved --> off
ftpd_connect_db --> on
ftpd_full_access --> off
ftpd_use_cifs --> off
ftpd_use_fusefs --> off
ftpd_use_nfs --> off
ftpd_use_passive_mode --> off
httpd_can_connect_ftp --> on
httpd_enable_ftp_server --> on
sftpd_anon_write --> off
sftpd_enable_homedirs --> off
sftpd_full_access --> off
sftpd_write_ssh_home --> off
tftp_anon_write --> off
tftp_home_dir --> off
```

图 6-10 selinux 对 ftp 的设置

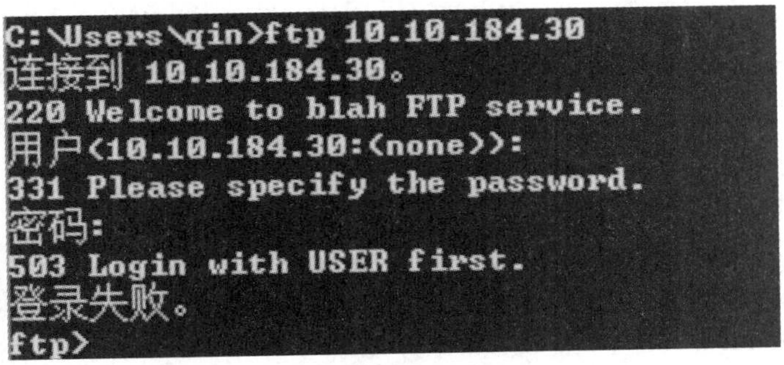

```
C:\Users\qin>ftp 10.10.184.30
连接到 10.10.184.30。
220 Welcome to blah FTP service.
用户(10.10.184.30:(none)):
331 Please specify the password.
密码:
503 Login with USER first.
登录失败。
ftp>
```

图 6-11 客户端连接 ftp

6.1.6 安装 DNS 服务

DNS 服务由 BIND 软件提供,启动后服务名为 named,管理工具为 rndc,debug 工具为 dig。主要配置文件为/etc/named.conf。

要安装 BIND 软件,并让它运行在 chroot 环境下,那么只需安装 bind-chroot 软件,其他软件(包括 BIND 软件本身)也会自动进行安装,即只需执行命令:yum install bind-chroot。

安装完成后,就需要启动 named-chroot 服务,并将它设置为开机启动,命令是 systemctl start named-chroot 和 systemctl enablenamed-chroot。上述命令执行完后,如果没什么问题,可使用下述命令来验证 named-chroot 服务的状态:systemctl status named-chroot。

设定主 DNS 服务器上的配置文件/etc/named.conf，在修改主 DNS 服务器上的配置文件/etc/named.conf 之前，先对其备份：cp - a /etc/named.conf /etc/named.conf.bak，然后将其内容修改成如下所示：

```
options {
    listen-on port 53 { any; };        //侦听来自任意源 IP 对端口 53 的访问
    listen-on-v6 port 53 { ::1; };     //设定 IPv6 侦听端口的，因为没有用到，所以保持默认
    directory "/var/named";            //该项设定工作目录
    dump-file "/var/named/data/cache_dump.db";        //执行命令 rndcdumpdb 后会把 da-
                                                       tabase 保存到该指定档案
    statistics-file "/var/named/data/named_stats.txt";   //执行命令 rndcstats 后会把统
                                                          计数据保存到该指定档案
    memstatistics-file "/var/named/data/named_mem_stats.txt";   //记录内存使用数据
                                                                 的文档路径
    allow-query {any; };        //指定只有内网网段主机才能进行 DNS 查询（authoritative
                                 data）
    recursion yes;              //这个选项控制是否开启服务器的递归查询功能
    dnssec-enable no;           //这部分是设置 DNSSEC 的。把它关掉，默认为 yes
    dnssec-validation no;       //关掉，默认为 yes
    dnssec-lookaside no;        //关掉，默认为 auto
    bindkeys-file "/etc/named.iscdlv.key";
    pid-file"/run/named/named.pid";        //named 服务的 PID 文件存放位置，保持默认
    session-keyfile "/run/named/session.key";    //TSIG 会话密钥存放文件路径，保持默认
};

logging {                       //设置日志的语句
    channel default_debug {
        file"data/named.run";
        severity dynamic;
    };
};

zone "." IN {          //设定 root zone 的语句
    type hint;         //hint 类型专门用于 root 域
    file "named.ca";   //root 域的配置文件为/var/named/named.ca
};

zone "netmanager.com" IN {        //设定域 netmanager.com 的语句
    type master;                   //指明本服务器是这个域的主 DNS 服务器
    file "netmanager.com.zone";    //指定这个域的配置文件为 var/named/netmanager.
```

com.zone
};

include"/etc/named.rfc1912.zones";   //zone 语句也可以写在这个文件里面
include "/etc/named.root.key";   //root 域的 key 文件,与 DNSSEC 有关

　　设定主 DNS 服务器上的 zone 配置文件,在上面的配置文件 named.conf 中,因为有定义一个正向解析的域 netmanager.com,所以也要设定这个域的配置文件 netmanager.com.zone。在工作目录/var/named 下创建这个配置文件,并将它的内容修改成如下所示:

　　$ORIGIN netmanager.com.
　　$TTL 86400
;在 zone 的配置文件中,它是以分号来作为批注语句标识符的。
;修改这个配置文件时,要注意,名称最后面没有加句点的是主机名,最后面加了句点的是 FQDN(除了$ORIGIN 那里)。
;$ORIGIN 那里填域名。下面的@符号会引用这里填写的值。如果不填,则会引用主配置文件中 zone 语句后面的值。
;$TTL 表示 timeto live 值,表示当其他 DNS 查询到本 zone 的 DNS 记录时,这个记录能在它的 DNS 缓存中存在多久,单位为 s。

　　@   IN SOA   ns.netmanager.com. (
                              0   ;serial
                              1D ;refresh
                              1H ;retry
                              1W ;expire
                              3H) ;minimum
;SOA 后面的参数是主 DNS 服务器主机名。因为@符号有特殊含义,所以写成这样。
;括号内的第一个参数是序号,代表本配置文档的新旧,序号越大,表示越新。每次修改本文档后,都要将这个值改大。
;第二个参数是刷新频率,表示 slave 隔多久会跟 master 比对一次配置档案,单位为 s。
;第三个参数是失败重新尝试时间,单位为 s
;第四个参数是失效时间,单位为 s。
;在 BIND9 中,第五个参数表示其他 DNS 服务器能缓存 negative answers 的时间,单位为 s。

　　 NS   ns.netmanager.com.
　　ns   IN   A   10.10.184.30
;类型 NS 定义指定域的 DNS 服务器主机名(如 dns1.netmanager.com),不管是主 DNS 还是从 DNS。
;类型 A 定义指定主机(如 dns1)的 IP 地址。如果是使用的 IPv6 地址,则需使用类型 AAAA。

　　@   IN MX 10   mail1.netmanager.com.

```
mail1     IN A                10.10.184.30
```
;类型 MX 定义指定域的邮件服务器主机名(如 mail1.netmanager.com)。

;MX 后面的数字为优先级,越小越优先。同样的优先级值则可以在多台邮件服务器之间进行负载分担。

```
www       IN CNAME            servs.netmanager.com
ftp       IN CNAME            servs.netmanager.com
servs     IN A                10.10.184.30
```
;类型 CNAME 用于定义别名。通常用于同一台主机提供多个服务的情况。

;以这里的设定为例,当要解析 ftp.netmanager.com 的 IP 时,它会解析成主机 servs.netmanager.com 的 IP。

设置从 DNS 服务器,重复第 1 个步骤,给从 DNS 服务器安装 bind-chroot 软件,然后设置开机启动并将它开启。做好后,就修改从 DNS 服务器的主配置文件/etc/named.conf。从 DNS 的主配置文件与主 DNS 的基本相同,因此直接把配置复制过去就行,但 zone 语句需要进行修改。从 DNS 的 named.conf 配置文件中的 zone 语句如下所示:

```
zone "netmanager.com" IN {
    type slave;         //指明本服务器是这个域的从 DNS 服务器
        file "slaves/netmanager.com.zone";  //从 DNS 的 zone 配置文件一定要放置在工作目录下的 slaves 目录中
```

与主 DNS 不同的是,从 DNS 上的 zone 配置文件不需要手动建立,它会通过同步自动建立。因此,从 DNS 上的配置文件这样就设置好了。

放通端口,在主 DNS 和从 DNS 服务器上放通 tcp 和 udp 端口 53:firewall-cmd --zone=public--add-port=53/tcp-permanent 和 firewall-cmd --zone=public --add-port=53/udp --permanent,重启防火墙以让更改立刻生效:firewall-cmd-reload。

对于设置的正向区域文件等,如 *.zone,需要把文件的属主属性更改为 root:named,即 chown root:named *.zone 命令。

设置 named 服务,在主 DNS 和从 DNS 服务器上,启动 named 服务,并将它设置为开机启动:systemctl start named 和 systemctl enable named,上述命令执行完后,如果没什么问题,可使用下述命令来验证 named 服务的状态:systemctl status named。

在 DNS 服务器上使用 ping 和 nslookup 命令进行测试,另外还可以通过实际应用的方式进行测试,看 DNS 服务器是否能够进行解析服务。比如 ping www.netmanger.com,如果能够解析出地址,就说明 DNS 服务器解析服务正确安装和配置了。

6.2 RHCE 认证考试

RHCE 是 red hat certified engineer 的简称,即红帽认证工程师。RHCE 认证展示了高级系统管理员应掌握的技能。一名红帽认证工程师除了要掌握红帽认证技师具备的所有技能外,还应具有配置网络服务和安全的能力,他/她应该可以决定公司网络上应该部署哪种服务以及具体的部署方式。RHCE 认证包括 DNS,NFS,Samba,Sendmail,Postfix,Apache 和关键安全功能的详细内容,始于 1999 年 3 月。红帽认证工程师(RHCE)和红帽认证技师(RHCT)认证是以实际操作能力为基础的测试项目,主要考察考生在现场系统中的实际能力。

RHCE 认证考试分成 RHCSA 和 RHCE 两部分,只有通过了 RHCSA 才能进行后续的认证。

▶ 6.2.1 虚拟机 KVM 的安装

在 CentOS 上安装虚拟机是学习的一种捷径,我们可以在 CentOS 7 上通过安装 KVM 的方式来进行虚拟机管理。

KVM 是 Kernel-based Virtual Machine 的简称,是一个开源的系统虚拟化模块,自 Linux 2.6.20 之后集成在 Linux 的各个主要发行版本中。它使用 Linux 自身的调度器进行管理,所以相对于 Xen,其核心源码很少。KVM 目前已成为学术界的主流 VMM 之一。

KVM 的虚拟化需要硬件支持(如 Intel VT 技术或者 AMD V 技术),是基于硬件的完全虚拟化。而 Xen 早期则是基于软件模拟的 Para-Virtualization,新版本则是基于硬件支持的完全虚拟化。但 Xen 本身有自己的进程调度器,存储管理模块等,所以代码较为庞大。广为流传的商业系统虚拟化软件 VMware ESX 系列是基于软件模拟的 Full-Virtualization。

安装 KVM 需要预先知道一些虚拟机的知识,并且需要一些关联软件:
(1)KVM 相关安装包及其作用。
(2)qemu-kvm 主要的 KVM 程序包。
(3)python-virtinst 创建虚拟机所需要的命令行工具和程序库。
(4)virt-manager GUI 虚拟机管理工具。
(5)virt-top 虚拟机统计命令。
(6)virt-viewer GUI 连接程序,连接到已配置好的虚拟机。
(7)libvirt C 语言工具包,提供 libvirt 服务。
(8)libvirt-client 为虚拟客户机提供的 C 语言工具包。
(9)virt-install 基于 libvirt 服务的虚拟机创建命令。
(10)bridge-utils 创建和管理桥接设备的工具。

在了解虚拟机的基本知识以后,就可以进行安装了,具体步骤如下:
(1)使用命令 yum install qemu-kvm libvirt virt-install bridge-utils 来安装;另外可以查看 KVM 模块是否加载,使用命令 lsmod | grep kvm,如果没有提示,就可以使用 modprobe kvm 加载。
(2)启动 libvirtd。使用命令 systemctl start libvirtd,systemctl enable libvirtd 和 systemctl list-unit-files|grep libvirtd。
(3)修改网络配置。使用 cd/etc/sysconfig/network-scripts/进入目录,修改网卡 eno16777736 的配置文件,使用 echo "BRIDGE=br0" >> ifcfg-eno16777736,在 ifcfg-

eno1677736 原网卡文件中增加"BRIDGE=br0"。

（4）新建网桥文件 ifcfg-br0（网桥名称），根据网络的实际情况增加内容。

[root@kvm network-scripts]# vi ifcfg-br0

```
DEVICE=br0
TYPE="Bridge"          #大小写敏感，所以必须是 Bridge
BOOTPROTO="dhcp"       #根据网络的情况配置，也可以配置静态地址
ONBOOT="yes"
DELAY="0"
STP="yes"              #这一行是启动 STP，与 brctl 命令行出来的结果有关
```

配置完毕，要重启 NetworkManager 及 network 服务，使用命令 systemctl restart NetworkManager 和 service network restart，这里要注意手动修改了网卡文件后，需要重启 NetworkManager 服务来重新接管网络配置，网卡配置文件和 NetworkManager 配置冲突时，使用重启 NetworkManager 来解决。

（5）查看 br0 的 IP 地址。当 ifcfg-br0 创建启动后，可以使用 ip address 命令显示相关的地址信息，这时在网络服务启动正常的情况下，是可以看到 br0 的 IP 地址的。

（6）关闭 selinux。使用命令 setenforce 0 和 vi/etc/selinux/config 设置 SELINUX=permissive。

（7）启动 virt-manager，在图形化下运行虚拟机软件，并安装虚拟机。也可以使用命令 virt-install 的方式来安装。

▶ 6.2.2 RHCSA 部分

结合前面的虚拟机的安装方法，可以在 RHEL 上安装好虚拟机进行认证考试的练习。关于密码破解，在 RHCSA 的考试中需要用户自己安装图形化界面和破解 root 密码，root 的密码按照题目的要求来进行修改。使用单用户模式或者使用 re.break 都可以。

re.break 方法：

删除 console=ttys0,115200n8 这句话在最后加入 rd.break

进入交换模式以后输入下列指令：

```
mount    -o remount,rw /sysroot
chroot /sysroot
passwd 密码
touch    /.autorelabel
exit
reboot
```

图形化界面安装：

考试的时候可能需要自己安装图形化界面，如果在 startx 无法启动图形化的情况下可以用下面的命令进行安装。

yum-y install xorg *
yum-y install gnome *
yum-y install glx *
startx 后者 init 5

密码修改完成,注意此处修改的是你考试用的虚拟机密码,而不是物理机密码。
关于 IP 地址的设置,请查看考题的其他信息,里面可以看到虚拟机应该设置的 IP 地址信息和主机名信息。

hostnamectl set-hostname station.domain11.example.com
nmcli connection modify eno16777736 ipv4.method manual
nmcli connection modify eno16777736 ipv4.addresses '172.24.11.10/24 172.24.11.254'
nmcli connection modify eno16777736 ipv4.dns '172.24.11.250'
nmcli connection up eno16777736
nmcli con show eno16777736 | grep ipv4
host server.domain11.example.com
route -n

IP 地址也可以使用 nm-connection-editor 图形化界面进行修改。
修改完以上信息以后就可以开始正式做题了。

1. 配置 SELINUX 使其工作在 enforcing 模式下
解法:
getenforce   //查看模式

setenforce 1   //设置为 enforcing 模式
getenforce   //查看
vim /etc/selinux/config   //永久修改
selinux=enforcing
:wq

重启,然后使用 sestatus 命令查看。

2. 为您的系统配置一个默认的软件仓库
一个 YUM 源已经提供在 http://server.domain11.example.com/pub/x86_64/Server,配置你的系统,并且能正常使用。
解法:
vim /etc/yum.reopos/base.repo
[base]
name=base
baseurl= http://server.domain11.example.com/pub/x86_64/Server
gpgcheck=0

enable=1

保持退出。

yum list 进行验证,能列出软件包信息就是正确的。YUM 配置不正确会导致后面一些题目做不出来。

3.调整逻辑卷的大小

调整逻辑卷 vo 的大小,它的文件系统大小应该为 290 M。确保这个文件系统的内容完整。注:分区很少能精确到和要求的大小相同,因此在 270~320 M 都是可以接受的

解法:

df －hT

lvextend -L ＋100M /dev/vg0/vo

lvscan

xfs_growfs /home/ //home 为 LVM 挂载的目录   这步仅仅是在我们练习的环境中需要做,考试的时候是 EXT4 不需要此步骤

resize2fs /dev/vg0/vo //考试的时候用这条命令进行更新就可以了

df －hT

解法—减法

e2fsck － f /dev/vg0/vo

umount /home

resize2fs /dev/vg0/vo 最终要求的分区容量 如 100M

lvreduce － l 100M /dev/vg0/vo

mount /dev/vg0/vo /home

df -hT

4.创建用户账号

创建下面的用户、组和组成员关系:

名字为 adminuser 的组;

用户 natasha,使用 adminuser 作为附属组;

用户 harry,也使用 adminuser 作为附属组;

用户 sarah,在系统商不能访问可交互的 SHELL,且不是 adminuser 的成员,natasha,harry,sarah 密码都是 redhat。

解法:

groupadd adminuser

useradd natasha － G adminuser

useradd haryy － G adminuser

useradd sarah － s/sbin/nologin

passwd 用户名 //来修改密码

id natasha //查看用户组

5.配置/var/tmp/fstab 的权限

复制文件/etc/fstab 到/var/tmp/fstab,配置/var/tmp/fstab 的权限如下:

文件/var/tmp/fstab 所有者是 ROOT；

文件/var/tmp/fstab 属于 root 组；

文件/var/tmp/fstab 不能被任何用户执行；

用户 natasha 可读和可写/var/tmp/fstab；

用户 harry 不能读写/var/tmp/fstab；

所有其他用户（现在和将来的）具有读/var/tmp/fstab 的能力。

解法：

cp/etc/fstab/var/tmp/

ll /var/tmp/fstab 查看所有者

setfacl －m u:natasha:rw- /var/tmp/fstab

setfacl －m u:haryy:--- /var/tmp/fstab

使用 getfacl /var/tmp/fstab 查看权限

6．配置一个 cron 任务

用户 natasha 必须配置一个 cron job，当地时间每天 14:23 运行，执行：

*/bin/echo hiya。

解法：

crontab －e－u natasha

23 14 *** /bin/echo hiya

crontab －l－u natasha 查看

7．创建一个共享目录

创建一个共享目录/home/admins，使之具有下面的特性:/home/admins 所属组为 adminuser，这个目录对组 adminuser 的成员具有可读、可写和可执行。在/home/admins 创建的任何文件所属组自动设置为 adminuser。

解法：

mkdir/home/admins

chgrp -R adminuser/home/admins

chmod g＋w/home/admins

chmod g＋s/home/admins

8．安装内核的升级

从 http://server.domain11.example.com/pub/updates 安装适合的内核更新。下面的要求必须满足：

更新的内核作为系统启动的默认内核；

原来的内核在系统启动的时候依然有效和可引导。

解法：

使用浏览器打开题目给的网址，并下载内核文件，到根或者家目录。

  uname -r 查看当前内核版本

rpm-ivh kernel-*.rpm

vi/boot/grub/grub.conf 查看

9. 绑定到外部验证服务器

系统 server.domain11.example.com 提供了一个 LDAP 的验证服务,你的系统应该按下面的要求绑定到这个服务：

验证服务的基准 DN 是 dc=example,dc=com；

LDAP 用于提供账户信息和验证信息；

连接应用使用位于 http：//server.domain11.example.com/pub/EXAMPLE-CA-CERT 的证书加密；

当正确的配置后,ldapuser1 可以登录你的系统,但是没有 home 目录,直到你完成 autofs 题目的 ldapuser1 的密码是 password。

解法：

yum -y install auth*

system-config-authentication

将 user account database 修改为 ldap,根据题目要求填写 DN 和 LDAP SERVER,use TLS to encrypt connections 打勾,在 download ca 中写入 http：//server.domain11.example.com/pub/EXAMPLE-CA-CERT。authentication metod 选择 ldap password。

Id ldapuser1 查看有没有学习到用户

注：这题中只要能学习到用户即可,用户密码不需要设置。

10. 配置 NTP

配置你的系统使它成为 server.domain11.example.com 的一个 NTP 用户

解法：

System-config-date 需安装

Synchronize date and time over the network 打勾

删除默认的 NTP server

添加一个 NTP server 地址为：server.domain11.example.com

11. 配置 autofs

配置 autofs 自动挂在 LDAP 用户的 home 目录,如下要求：

server.domain11.example.com 使用 NFS 共享了 home 给你的系统。这个文件系统包含了预先配置好的用户 ldapuserX 的 home 目录；

ldapuserX 的 home 目录是 server.domain11.example.com/home/guests/ldapuser；

ldapuserX 的 home 目录应该自动挂载到本地/home/guests 下面的 ldapuserX；

home 目录必须对用户具有可写权限；

ldapuser1 的密码是 password。

解法：

yum install -y autofs

mkdir /home/rehome

vi /etc/auto.master

/home/rehome   /etc/auto.ldap

保存退出

cp /etc/auto.misc /etc/auto.ldap

vi /etc/auto.ldap

ldapuserX   -fstype=nfs,rw   server.domain11.example.com:/home/guests/

保存退出

systemctl start autofs

systemctl enable autofs

su - ldapuserX 测试

如果以上写法在考试的时候无法创建文件或者命令提示符是-bash-4.2$,这样的话可能存在多级目录,只需要将 server.domain11.example.com:/home/guests/的写法变为 server.domain11.example.com:/home/guests/ldapuserX 就可以了。多级目录也就是题目给的/home/guests/ldapuserX 下面还有一个 ldapuserX 的目录,这个目录才是真正的目录。

12. 配置一个用户账号

创建一个用户 iar,uid 是 3400。这个用户的密码是 redhat。

解法:

useradd -u 3400 iar

passwd iar

13. 添加一个 swap 分区

为你的系统额外添加一个大小为 500 M 的交换分区,这个交换分区在系统启动的时候应该能自动挂载。不要移除和修改系统上现有的交换分区。

解法:

fdisk -cu /dev/vda 以扩展分区的方式来做,不要做主分区。

partx -a /dev/vda

mkswap /dev/vdax

swapon /dev/vdax

swapon -s

vi /etc/fstab

/dev/vdax   swap   swap   defaults 0 0

mount -a

14. 查找文件

找到所有者是 iar 的文件,并把题目拷贝到/root/findresults 目录。

解法:

useradd iar 可以使用 id iar 看是否有用户,有则不需要创建

mkdir /root/findresults

find / -user iar -exec cp -rfp {} /root/findresults \;

ls /root/findresults

15. 查找一个字符串

在/usr/share/dict/words 内找出所有包含字符串 seismic 的列,然后把这些列依照原来的次序拷贝到/root/lines.txt 内,在此档内不存在空行,所有的行必须是/usr/share/dict/words 中原有行的精确复制。

解法：
grep seismic/usr/share/dict/words ＞/root/lines.txt

16.创建名为/root/backup.tar.bz2 的备份文件

包含/usr/local 的内容，tar 必须使用 bzip2 压缩。

解法：

cd/usr/local

tar-jcvf/root/backup.tar.bz2 *

mkdir/test

tar-jxvf/root/backup.tar.bz2-C/test/ 解压看一下内容是不是和/usr/local 里面的一样

如果题目要求使用 gzip 压缩就把-j 换成-z 即可。

17.创建一个逻辑卷

按照下面的要求创建一个新的逻辑卷；

逻辑卷的命名为 database，属于卷组的 datastore，且大小为 50 个 PE；

在卷组 datastore 的逻辑卷每个扩展的大小为 16 MB；

使用 ext3 格式化这个新的逻辑卷，此逻辑卷在系统启动的时候应该自动挂载到/mnt/database。

解法：

fdisk-cu/dev/vda 创建一个 1 G 的分区根据情况修改

partx-a/dev/vda

pvcreate/dev/vdax

vgcreate datastore/dev/vdax-s 16M

lvcreate - l 50-n database datastore

mkfs.ext3/dev/datastore/database

mkdir/mnt/database

mount/dev/datastore/database/mnt/database/

df-Th

vi/etc/fstab

/dev/datastore/database /mnt/database/ ext3 defaults 0 0

mount-a

重启检查所有题目要求。

▶ 6.2.3 RHCE 部分

1.配置 SELinux

修改 SELinux 的状态为 Enforcing 模式；

使用 VIM/etc/selinux。

解法：

getenforce 查看当前 SELinux 模式

setenforce 1 将 SELinux 临时设置为 enforcing 模式
vim /etc/selinux/config
SELINUX=enforcing
:wq
getenforce
enforcing

2. 配置 SSH 访问

按以下要求配置 SSH 访问：

用户能够从域 group3.example.com 内的客户端通过 SSH 远程访问您的两个虚拟机系统；

在域 my133t.org 内的客户端不能访问您的两个虚拟机系统。

解法 1：

修改 /etc/hosts.allow 文件

添加一行 sshd：172.24.11.

修改 /etc/hosts.deny 文件

添加一行 sshd：172.25.0.

注：两台都需要配置。

解法 2：

添加防火墙策略

firewall-cmd-zone=block --add-source=172.25.11.0/24 --permanent

firewall-cmd-reload

注：两台都需要配置。

3. 自定义用户环境

在系统 system1 和 system2 上创建自定义命令名为 qstat，此自定义命令将执行以下命令：

/bin/ps- Ao pid,tt,user,fname,rsz；

此命令对系统中所有用户有效。

解法：

vim /etc/bashrc　　　//重启保持有效

alias qstat='/bin/ps-Ao pid,tt,user,fname,rsz '

:wq

source /etc/bashrc

alias　　看是否有 qstat

qstat　　　执行

注：两台都要做。

4. 配置端口转发

在系统 system1 配置端口转发，要求如下：

在 172.24.11.0/24 网络中的系统，访问 system1 的本地端口 5423 将被转发到 80；

此设置必须永久有效。

解法：
使用图形化界面进行配置
在 CLI 中使用 firewall-config 开启图形化界面
将 configuration：下拉菜单调整为 permanent
在 public 区域中的 port forward 中添加一个策略（图 6-12）

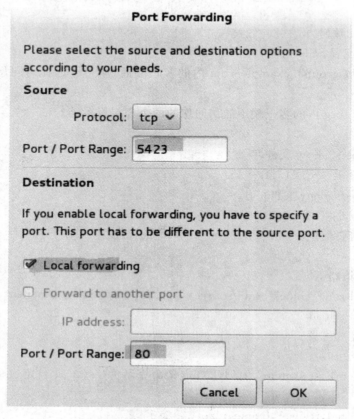

图 6-12　在 Port Forwarding 中添加策略

systemctl restart firewalld.service 重装载防火墙策略

5．配置链路聚合

在 system1.group3.example.com 和 system2.group3.example.com 之间按以下要求配置一个链路：

（1）此链路使用接口 eth1 和 eth2；

（2）此链路在一个接口失效时仍然能工作；

（3）此链路在 system1 使用下面的地址 172.16.3.20/255.255.255.0；

（4）此链路在 system2 使用下面的地址 172.16.3.25/255.255.255.0；

（5）此链路在系统重启之后依然保持正常状态。

如果不记得 name 如何写可以在/var/share/doc/team-1.9/example_configs/查看例子。

解法：
nmcli connection add con-name team0 type team ifname team0 config '{"runner":{"name":"activebackup"}}'
nmcli con modify team0 ipv4.addresses '172.16.11.25/24'
nmcli connection modify team0 ipv4.method manual
nmcli connection add type team-slave con-name team0-p1 ifname eth1 master team0
nmcli connection add type team-slave con-name team0-p2 ifname eth2 master team0
nmcli connection up team0
nmcli con up team0-p1
nmcli con up team0-p2

6．配置 IPv6 地址

在您的考试系统上配置接口 eth0 使用下列 IPv6 地址：

(1)system1 上的地址应该是 2003：ac18：：305/64；

(2)system2 上的地址应该是 2003：ac18：：30a/64；

(3)两个系统必须能与网络 2003：ac18/64 内的系统通信；

(4)地址必须在重启后依然生效；

(5)两个系统必须保持当前的 IPv4 地址并能通信。

解法：
nmcli con mod eth0 ipv6.addresses "2003：ac18：：305/64"
nmcli con mod eth0 ipv6.method manual
systemctl restart network
nmcli con mod eth0 ipv6.addresses "2003：ac18：：30a/64"
nmcli con mod eth0 ipv6.method manual
systemctl restart network
ping6 2003：ac18：：30a

7．配置本地邮件服务

在系统 system1 和 system2 上配置邮件服务，满足以下要求：

(1)这些系统不接受外部发送来的邮件；

(2)在这些系统上本地发送的任何邮件都会自动路由到 rhgls.domain11.example.com；

(3)从这些系统上发送的邮件显示来自于 rhgls.domain11.example.com；

(4)您可以通过发送邮件到本地用户 authur 来测试您的配置，系统 rhgls.domain11.example.com；

(5)已经配置把此用户的邮件转到下列 URL rhgls.domain11.example.com/received_mail/11。

解法：
postconf -e local_transport=err:XX
vim/etc/postfix/main.cf
relayhost=[rhgls.domain11.exmaple.com]

postconf -e myorigin=domain11.example.com
systemctl restart postfix
echo aaa | mail -S hello dave
在浏览器中打开 rhgls.domain11.example.com/received_mail/11

8. 通过 SMB 共享目录

在 system1 上配置 SMB 服务；
您的 SMB 服务器必须是 STAFF 工作组一个成员；
共享/common 目录共享名必须为 common；
只有 domain11.example.com 域内的客户端可以访问 common 共享；
common 必须是可以浏览的；
用户 andy 必须能够读取共享中的内容,需要的话,验证密码是 redhat。

解法：
system1：
yum -y install samba samba-client
firewall-cmd --add-service=samba --permanent
firewall-cmd --add-service=mountd-permanent
systemctl restart firewalld
vim /etc/samba/smb.conf
workgroup = STAFF
[common]
   path = /common
   hosts allow = 172.24.11.
   browseable = yes
:wq
mkdir /common
chcon -R -t samba_share_t /common/
smbpasswd -a andy
systemctl start smb
systemctl enable samba

system2：
yum install -y cifs-utils samba-client

9. 配置多用户 SMB 挂载

在 system1 共享通过 SMB 目录/devops 满足下列要求：
(1)共享名为 devops；
(2)共享目录 devops 只能被 domain11.example.com 域中的客户端使用；
(3)共享目录 devops 必须可以被浏览；
(4)用户 silene 必须能以只读的方式访问此共享,访问密码是 redhat；
(5)用户 akira 必须能以读写的方式访问此共享,访问密码是 redhat；

(6)此共享永久挂载在 system2.domain11.example.com 上的/mnt/dev 用户,并使用用户 silene 作为认证任何用户可以通过用户 akira 来临时获取写的权限。

解法:

system1:

mkdir /devops

chcon -R -t samba_share_t /devops/

chmod o+w /devops/

vim /etc/samba/smb.conf

[devops]

    path = /devops

    hosts allow = 172.24.11.

    browseable = yes

    writable = no

    write list = akira

:wq

systemctl restart smb

smbpasswd -a silene

smbpasswd -a akira

system2:

mkdir /mnt/dev

smbclient -L /system1/ -U silene

vim /etc/fstab

//system1/devops /mnt/dev cifs defaults,multiuser,username=silene,password=redhat,sec=ntlmssp 0 0

df -hT

测试:

在 system2 上切换到 akira 用户,进入到/mnt/dev 下查看文件

su akira

cd /mnt/dev

ls

cifscreds add system1

touch 1

10.配置 NFS 服务

在 system1 配置 NFS 服务,要求如下:

(1)以只读的方式共享目录/public 同时只能被 domain11.example.com 域中的系统访问;

(2)以读写的方式共享目录/protected 需要通过 Kerberos 安全加密,您可以使用下面

URL 提供的密钥 http://host.domain11.example.com/materials/nfs_server.keytab；

（3）目录/protected 应该包含名为 project. 拥有人为 deepak 的子目录；

（4）用户 deepak 能以读写方式访问/protected/project。

解法：

system1：

vim/etc/exports

/protected 172.24.11.0/24(rw,sync,sec=krb5p)

/public 172.24.11.0/24(ro,sync)

wget -O/etc/krb5.keytab http://host.domain11.example.com/materials/nfs_server.keytab

vim/etc/sysconfig/nfs

RPCNFSDARGS="-V 4.2 "

:wq

systemctl restart nfs

systemctl start nfs-secure-server

systemctl enable nfs-secure-server

exportfs-ra

showmount-e

firewall-cmd --add-service=nfs-permanent

firewall-cmd --add-service=rpc-bind-permanent

firewall-cmd --add-service=mountd-permanent

systemctl restart fiewalld

mkdir -p/protected/project

chown deepak/protected/project/

ll/protected/

chcon -R -t public_content_t/protected/project/

11. 挂载一个 NFS 共享

在 system2 上挂载一个 system1.domain11.example.com 的 NFS 共享，并符合下列要求：

（1）/public 挂载在下面的目录上/mnt/nfsmount；

（2）/protected 挂载在下面的目录上/mnt/nfssecure 并使用安全的方式，密钥下载 URL 如下：http://host.domain11.example.com/materials/nfs_client.keytab；

（3）用户 deepak 能够在/mnt/nfssecure/project 上创建文件；

（4）这些文件系统在系统启动时自动挂载。

解法：

system2：

showmount -e system1

mkdir -p /mnt/nfsmount

vim /etc/fstab

system1:/public   /mnt/nfsmount nfs defaults 0 0

mount -a

df -h

mkdir /mnt/nfssecure

wget -O /etc/krb5.keytab http://host.domain11.example.com/materials/nfs_client.keytab

vim /etc/fstab

system1:/protected /mnt/nfssecure nfs defaults,sec=krb5p,v4.2 0 0

:wq

mount -a

12. 实现一个 Web 服务器

在 system1 上配置一个站点 http://syseml.domain11.example.com/ 然后执行下述步骤：

(1) 从 http://rhgls.domain11.example.com/materials/station.html 下载文件，并且将文件重命名为 index.html，不要修改此文件的内容；

(2) 将文件 index.html 拷贝到您的 Web 服务器的 DocumentRoot 目录下；

(3) 来自于 group3.example.com 域的客户端可以访问此 Web 服务；

(4) 来自于 my133t.org 域的客户端拒绝访问此 Web 服务。

解法：

yum groupinstall web* -y

systemctl start httpd

systemctl enable httpd

vim /etc/httpd/conf/httpd.conf

/ServerName

ServerName server1.domain11.example.com:80

systemctl restart httpd

wget -O index.html http://rhgls.domain11.example.com/materials/station.html

firewall-config

打开防火墙配置设置如图 6-13 所示，针对 Web 服务的防火墙端口规则设置如图 6-14 所示。

systemctl restart firewalld

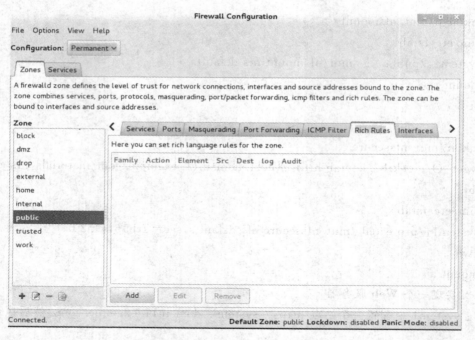

图 6-13 打开防火墙配置设置

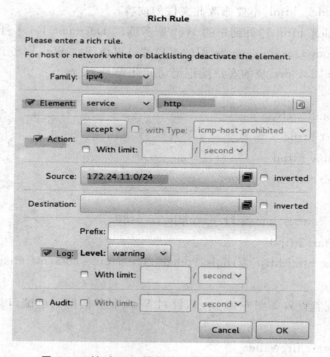

图 6-14 针对 Web 服务的防火墙端口规则设置

13. 配置安全 Web 服务

为站点 http://systeml.domain11.example.com 配置 TLS；

加密一个已签名证书从 http://host.domain11.example.com/materials/system1.crt 获取；

此证书的密钥从 http://host.domain11.example.com/materials/system1.key 获取；

此证书的签名授权信息从 http://host.domain11.example.com/materials/domain11.crt 获取。

解法：

<virtualhost *:80>
documentroot/var/www/html
servername system1.domain11.example.com
</virtualhost>
<virtualhost *:443>
documentroot/var/www/html
servername system1.domain11.example.com
SSLEngine on
SSLCertificateFile/etc/pki/tls/certs/server1.crt
SSLCertificateKeyFile/etc/pki/tls/private/server1.key
SSLCertificateChainFile/etc/pki/tls/certs/domain11.crt
<virtualhost>
systemctl restart httpd
firewall-cmd --add-service=https-permanent
systemctl restart firewalld

14. 配置虚拟主机

在 system1 上扩展您的 Web 服务器，为站点 http://www.domain11.example.com 创建一个虚拟主机，然后执行下述步骤：

(1) 设置 DocumentRoot 为/var/www/virtual；

(2) 从 http://rhgls.domain11.example.com/materials/www.html；

(3) 下载文件重命名为 index.html 不要对文件 index.html 中的内容做任何修改；

(4) 将文件 index.html 放到虚拟主机的 DocumentRoot 的目录下；

(5) 确保 andy 用户能够在/var/www/virtual 目录下创建文件。

注意：原始站点 http://systeml.domian11.example.com 必须仍然能够访问，名称服务器 domain11.example.com 提供对主机名 www.domain11.example.com 的域名解析。

解法：

mkdir-p/var/www/ virtual
cd /var/www/ virtual
wget-O index.html http://rhgls.domain11.example.com/materials/www.html
vim/etc/httpd/conf/httpd.conf
<virtualhost *:80>

```
documentroot/var/www/virtual
servername www.domain11.example.com
</virtualhost>
setfacl -m u:andy:rwx /var/www/virtual
su andy
touch /var/www/virtual/11.html
```

15. 配置 Web 内容的访问

在您的 system1 上的 Web 服务器的 DocumentRoot 目录下创建一个名为 private 的目录，要求如下：

(1)从 http://rhgls.domain11.example.com/materials/private.html 下载一个文件副本到这个目录，并且重命名为 index.html。

(2)不要对这个文件的内容做任何修改；

(3)从 system1 上，任何人都可以浏览 private 的内容，但是从其他系统不能访问这个目录的内容。

解法：

```
mkdir /var/www/virtual/private
mkdir /var/www/html/private
cd /var/www/virtual/private
wget -O index.html http://rhgls.domain11.example.com/materials/private.html
cd /var/www/html/private
wget -O index.html http://rhgls.domain11.example.com/materials/private.html
<Directory "/var/www/html/private">
    AllowOverride none
    Require all denied
    Require local
</Directory>
<Directory "/var/www/virtual/private">
    AllowOverride none
    Require local
    Require all denied
</Directory>
```

16. 实现动态 Web 内容

在 system1 上配置提供动态 Web 内容，要求如下：

(1)动态内容由名为 dynamic.domain11.example.com 的虚拟主机提供；

(2)虚拟主机侦听在端口 8909；

(3)从 http://rhgls.domain11.example.com/materials/webapp.wsgi 下载一个脚本，然后放在适当的位置，无论如何不要求修改此文件的内容；

(4)客户端访问 http://dynamic.domain11example.com:8909/ 时，应该接收到动态生成的 Web 页面；

(5) 此 http://dynamic.domain11.example.com:8909/ 必须能被 domain11.example.com 域内的所有系统访问。

解法：
yum -y install mod_wsgi
vim /etc/httpd/conf/httpd.conf
Listen 80
Listen 8909
＜virtualhost *:8909＞
servername dynamic.domain11.example.com
WSGIScriptAlias   /   /var/www/html/webapp.wsgi //注意大小写
＜/virtualhost＞
cd /var/www/html
wget http://rhgls.domain11.example.com/materials/webapp.wsgi
动态 Web 内容的防火墙端口规则设置如图 6-15 所示。

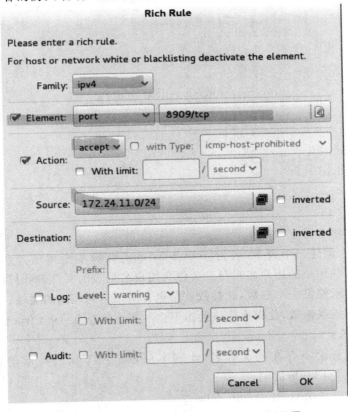

图 6-15　动态 Web 内容的防火墙端口规则设置

systemctl restart firewalld
semanage port -a -t http_port_t -p tcp 8909
systemctl restart httpd

17. 创建一个脚本

在 system1 上创建一个名为/root/foo.sh 的脚本，让其提供下列特性：

(1)当运行/root/foo.sh redhat，输出为 fedora；

(2)当运行/root/foo.sh fedora，输出为 redhat；

(3)当没有任何参数或者参数不是 redhat 或者 fedora 时，其错误输出产生以下的信息：/root/foo.sh redhat：fedora。

解法：

cd ～

vim foo.sh

#～/bin/bash

case $1 in

  redhat)

    echo fedora

    ;;

  fedora)

    echo redhat

    ;;

  *)

    echo 'root/foo.sh redhat:fedora'

esac

:wq

chmod ＋x foo.sh

./foo.sh redhat

./foo.sh fedora

./foo.sh 1

18. 创建一个添加用户的脚本

在 system1 上创建一个脚本，名为/root/mkusers，此脚本能实现为系统 system1 创建本地用户，并且这些用户的用户名来自一个包含用户名列表的文件，同时满足下列要求：

(1)此脚本要求提供一个参数，此参数就是包含用户名列表的的文件；

(2)如果没有提供参数，此脚本应该给出下面的提示信息 Usage：/root/mkusers 然后退出并返回相应的值；

(3)如果提供一个不存在的文件名，此脚本应该给出下面的提示信息 Input file not found 然后退出并返回相应的值；

(4)创建的用户登录 shell 为/bin/false；

(5)此脚本不需要为用户设置密码；

(6)您可以从下面的 URL 中获取用户名列表作为测试用 http://rhgls.domain11.example.com/materials/userlist。

解法：
vim mkusers.sh   //注意空格
#!/bin/bash
if [$# -eq 0];then
　　echo 'Usage:/root/mkusers'
　　exit 1
fi
if [! -f $1]; then
　　echo 'Input file not found'
　　exit
fi
while read line
do
　　useradd -s/bin/false $line
done < $1
:wq
chmod +x mkusers.sh
wget http://rhgls.domain11.example.com/materials/userlist
./mkusers.sh userlist
id 用户名　查看用户是否添加
然后测试文件不存在和没有输入参数的情况是否符合题目要求。

19. 配置 ISCSI 服务端

配置 system1 提供一个 ISCSI 服务磁盘名为 iqn.2014-09.com.example.domain11:system1 并符合下列要求：

(1) 服务端口为 3260；

(2) 使用 ISCSI_store 作为其后端卷，其大小为 3G；

(3) 此服务职能被 system2.domian11.example.com 访问。

解法：
fdisk/dev/sda
partprobe/dev/sda
yum install -y targetcli*
targetcli
cd backstores/
block/ create block1/dev/sda3
cd/iscsi
create iqn.2014-09.com.example.domain11:system1
cd iqn.2014-09.com.example.domain11:system1/
cd tpg1/
acls/ create iqn.2014-09.com.example.domain11:system

```
luns/ create/backstores/block/block1
portals/ create system1.domain11.example.com
exit
systemctl start target
systemctl enable target
firewall-config
```
ISCSI 服务端防火墙端口规则设置如图 6-16 所示。

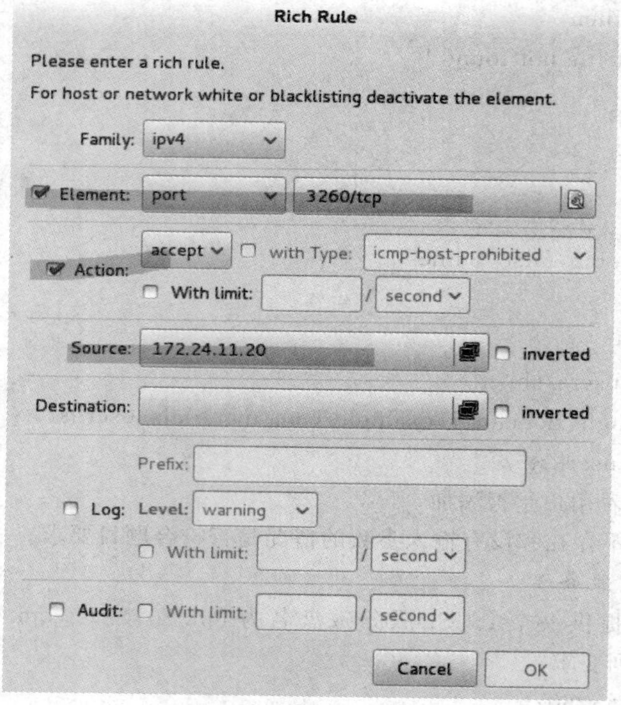

图 6-16　ISCSI 服务端防火墙端口规则设置

```
systecmctl restart firewalld
```
20. 配置 ISCSI 的客户端

配置 system2 使其能链接在 system1 上提供的 iqn.2014-09.com.example.domain11：system1 并符合以下要求：

（1）ISCSI 设备在系统启动期间自动加载；

（2）块设备 ISCSI 上包含一个大小为 2 100 MiB 的分区，并格式化为 ext4；

（3）此分区挂载在 /mnt/data 上，同时在系统启动的期间自动挂载。

解法：

```
yum install -y iscsi-initiator-utils.i686
vim/etc/iscsi/initiatorname.iscsi
InitiatorName=iqn.2014-09.com.example.domain11:system
systemctl start iscsid
```

systemctl is-active iscsid

iscsiadm --mode discoverydb --type sendtargets --portal 172.24.11.10-discover

iscsiadm --mode node --targetname iqn.2014-09.com.example.domain11:system1 --portal 172.24.11.10:3260-login

fdisk-l

fdisk/dev/sdb

mkfs.ext4/dev/sdb1

partprobe

mkdir/mnt/data

vim/etc/fstab

/dev/sdb1/mnt/data ext4 _netdev 0 0

21. 配置一个数据库

在 system1 上创建一个 Maria DB 数据库，名为 Contacts，并符合以下条件：

(1)数据库应该包含来自数据库复制的内容，复制文件的 URL 为 http://rhgls.domain11.example.com/materials/users.mdb；

(2)数据库只能被 localhost 访问；

(3)除了 root 用户，此数据库只能被用户 Luigi 查询，此用户密码为 redhat；

(4)root 用户的密码为 redhat，同时不允许空密码登录。

解法：

yum install -y mariadb*

systemctl start mariadb

systemctl enable mariadb

cd/

wget http://rhgls.domain11.example.com/materials/users.mdb

mysql

create database Contacts；

show databases；

use Contacts

source/users.mdb

show tables；

grant select on Contacts.* to Luigi@'localhost' identified by 'redhat';

exit

mysqladmin -uroot -p password 'redhat' 两个回车

mysql -uroot-p 密码输入 redhat

mysql -uLuigi-p 密码输入 redhat

22. 数据库查询

在系统 system1 上使用数据库 Contacts，并使用相应的 SQL 查询以回答下列问题：

(1)密码是 tangerine 的人的名字是什么？

(2)有多少人的姓名是 John 同时居住在 Santa Clara？

mysql-uroot-p

show tables；　　　查看表结构

desc 表名；　　　查看表字段

select bid,password from pass where password＝'tangerine'；　　//查密码的ID号

select * from name where aid＝'3'；　　//通过密码ID找名字

select * from name where firstname＝'John'；　　//查找同名的人

select * from loc where loction＝'Santa Clara'；　　//查找住在同一城市的人

参 考 文 献

[1] 戴有炜. Windows Server 2008 网络专业指南. 北京:科学出版社,2009.
[2] 百度百科. 桌面运维工程师,网络工程师,系统运维工程师. http://baike.baidu.com.
[3] 大D综合研究院利用 Windows 部署服务来实现通过网络批量安装 Windows 7. http://www.dadclab.com/archives/4808.jiecao.
[4] 2014 全国职业院校技能大赛高职组计算机网络应用赛项样题. http://wenku.baidu.com.
[5] CentOS 7.0 安装 KVM. http://www.centoscn.com/CentOS/help/2015/0413/5176.html.
[6] 安装完最小化 RHEL/CentOS 7 后需要做的 30 件事情. https://linux.cn/.
[7] 51CTO 下载-RHCE7 考试必备. http://wenku.baidu.com.
[8] CentOS 7 系统上架设 DNS 服务. http://www.centoscn.com/CentosServer/dns.